怎么过上美好生活
Das kleine Buch vom guten Leben

安塞尔姆·格林（Anselm Grün） 著
何 珊 译

华东师范大学出版社

华东师范大学出版社六点分社　策划

安塞尔姆·格林集

Anselm Grün

《怎么过上美好生活》

《心灵的平静》

《如何过好每一天》

目 录

序言 / 1

专注（Achtsam sein）/ 5

独处（Alleinsein）/ 8

年龄（Alter）/ 14

礼节（Anstand）/ 18

劳动（Arbeit）/ 20

禁欲（Askese）/ 24

正直（Aufrichtigkeit）/ 27

仁慈（Barmherzigkeit）/ 29

谦逊（Bescheidenheit）/ 32

感恩（Dankbarkeit）/ 34

谦卑（Demut）/ 38

谨慎（Diskretion）/ 42

敬畏（Ehrfurcht）/44

教育（Erziehen）/47

友好（Freundlichkeit）/50

友谊（Freundschaft）/52

温和（Friedfertigkeit）/54

好客（Gastfreundschaft）/56

享受（Genießen）/59

正义（Gerecht sein）/61

健康（Gesundheit）/63

追求幸福（Glücksstreben）/66

慷慨（Großzügigkeit）/68

故乡（Heimat）/70

乐于助人（Hilfsbereitschaft）/73

希望（Hoffnung）/76

礼貌（Höflichkeit）/79

战斗（Kämpfen）/82

放慢脚步（Langsamkeit）/84

阅读（Lesen）/87

爱（Liebe）/91

赞美（Loben）/96

别离（Loslassen）/99

适度(Maß) / 100

同情(Mitleiden) / 103

悠闲(Muße) / 107

勇气(Mut) / 109

邻里关系(Nachbarschaft) / 112

可持续性(Nachhaltigkeit) / 114

宽容(Nachsicht) / 116

秩序(Ordnung) / 118

责任感(Pflichtbewusstsein) / 121

建议(Rat) / 123

财富(Reichtum) / 126

敬意(Respekt) / 130

安宁(Ruhe) / 132

谦和(Sanftmut) / 135

缄默(Schweigen) / 137

自控(Selbstbeherrschung) / 141

死亡(Sterben/Tod) / 143

安慰(Trösten) / 147

责任(Verantwortung) / 149

原谅(Vergeben) / 151

真诚(Wahrhaftigkeit) / 153

有为(Wirkung) / 155
时间(Zeit) / 157
公民的勇气(Zivilcourage) / 161
满足(Zufriedenheit) / 164

序　言

我们生活在一个随意的年代,"一切皆有可能"(此处原为英文"Anything goes"——译注),一切皆可发生。对自己有好处的,就是好的,可究竟什么对自己真正有好处？什么对自己和他人都有益？什么值得我们一生去追求呢？为了实现目标,我们究竟需要采取怎样的态度？古往今来,无数伟大的思想家都曾深入思考过,究竟什么才是美好的生活。他们认识到：只从自己的利益出发,或者为了实现自我根本不顾及他人利益的人,根本无法找到真正的幸福。我们的生活成功与否,取决于我们是否遵从了正确的价值观。价值观为我们指明了道路,使我们的生活宝贵而美好。英文中的价值一词"value"源自拉丁文"valere",其本意是"健康、强大"。价值是我们生活的源泉,有了它的浇灌,我们的生活将变得蓬勃而有生机。价值赋予我们的生命之树以银杏般强大的抵抗力。这种树在亚洲被视为圣树,它象征着生命力和希望。

据说它能抵御城市中的热浪、烟雾和融雪盐。同样,只有深深植根于智慧沃土的人,才能抵御日常生活给他带来的侵害,就连环境污染所带来的负面影响都无法妨碍到他的健康和成长。

本书并不打算系统地教导人们,如何才能过上美好的幸福生活,在此我只想简单阐述生活中存在的各种价值观。在阐述的同时我会不断援引那些古代"生活大师们"的认知和观点。因为无论在什么时候,在什么文化语境下,人们都在不断探讨着怎样才能过上美好的生活。本人在探索中也从一种悠久的传统——基督教修道传统——中汲取了智慧。然而,在探索中一再吸引我的是:除了教义上的差别外,所有宗教在涉及何为正确的生活时,在一些根本问题上常常表现出惊人的一致。那些来自其他文化圈的灵修作者虽然有着完全不同的历史背景,他们却能用另一种语言将我们自身的体验表述出来,而这种语言同样也能应用于我们的日常生活。这表明,在全球化时代,人类所拥有的极为宝贵的精神财富,在这个瞬息万变的世界中是经久不变的。因此,回溯这些精神财富,对我们大有裨益。在下文中如果我不断援引先贤的观点,是因为它们是将我们联系在一起的智慧结晶。这种精神财富得以流传到我们手中,正是为了让我们在当下能够重新发现它,并将之展示在世人面前。

当我从不同的角度观察所谓"正确的生活"时,某些具象事物也会显露出来:一种为基督精神所激励的生活,一种以耶稣为榜样的行为,无论在日常生活中,还是在极端处境下,都能产生作用,并发出耀眼的光芒。进入我们视野的是一种实用的日常灵性生活。虽然它既不能提供详尽的行为准则,也无法构建一种伦理,但却能在今天为我们指点迷津,告诉我们应该怎样生活,才能不仅有益于自己,而且也有益于身边的人和整个人类。

在古希腊哲学家柏拉图看来,善是存在的根本特征:一切存在的都是真实的、善的、美好的。希腊伟大的系统论者亚里士多德认为善"是一切追求的目标"。德国哲学家的传统则更主要的是将善与善的意志联系在一起。两个视角相互补充:善必须不但是能被认识且能被感知得到的,而且必须可以付诸行动——或者如凯斯特纳(Erich Kästner)所说:"不付诸行动即非善举。"

善的两面表现出来就像中间分开、形状精巧的银杏树叶。歌德在其著名诗篇《二裂银杏叶》中曾借喻银杏赞美过合二而一的力量——一种"既统一又分离的"力量。想过上美好生活的人,会关注自己内在的两极:身体与灵魂、光明与黑暗、力量与弱点。谁像银杏树一样将两级统一起来,谁就是真正的智者,就能拥有成功的人生。

德语对于"善"有自己的理解。"Gut"(好,善)与"Gatter"(栅栏)一词有关。"善"原指适合某个建筑结构或某类人组成的团体。善意味着牢固拼合在一起,它适合我们生活的构造。反过来也一样,是它将我们的生活粘合在一起,让我们拥有成功的生活。本书将阐述那些将生活紧紧粘合在一起的价值,以使它符合善的标准,而造物主早就将"善"植入了我们人类的心中。《创世记》在描述神完成创造之后写道:"神看着一切所造的都甚好。"(《创世记》1:31)为了过好神赐予的美好生活,我们需要上帝植入我们本性中的东西。这些秉性使我们的生活充满意义,变得美好。

专　注

美好生活这样开始

美好的生活始于专注。不专注于自己，就会失去自我。每个瞬间若不专注地生活，就会忽视自己和生活的现实。为了能有意识地过好生活，我们需要专心致志。只有关注生活，才能发现生活的丰富。

新的一天教会我们：如果起床时能集中心思，就能感觉到起床与复活之间的关系：我们从自己恐惧的坟墓中复活，从内心黑暗的坟墓中复活。我起来，面对自己，经受这一天生活的考验。关注能战胜恐惧和麻木。真实与本质的东西，会透过生活的微小简单之处闪烁出来。

专注从早晨就开始了：认真洗漱不仅仅意味着仔细清洗身体的各个部分，同时也令我真切感知到洗漱意味着什么，感知到我在洗掉别人投射到自己身上那些模糊不清的东西，洗掉强加给自己的自我形象。洗尽浑浊之物，露出上帝创造的我清晰的本来面目，这样就能将在我心中洋溢的美渗透到我身上。

如果我专心走路，就能体会到走路还能有什么意味：它可能意味着从一种依赖关系中走出来，在自己内心变化的道路上前行，还可能意味着走向自己的生活目标。

我专心从事的所有活动都将向我显示出其真正的意义。而且我将能更加深刻地感受到周围的人和事。我会关注他们，并最终以清醒的眼光看清所有事物的本质。

唤醒自己的故事

专注是更高层次的关注。随波逐流、心不在焉、混迹于芸芸众生中的人失去了这种能力。相反，孤独则能使人专注。

S·韦依（Simone Weil，20 世纪法国哲学家，神秘主义思想大师——译注）曾做过这样的阐述：有意识独享孤独、不让自己分心的人，显然摆脱了外界的影响，回归了自我，获得了自由。这位法国女哲学家认为，通向自由的途径在于对当下的关注："孤独的价值在于实现更高层次的关注。"

关注、清醒、倾听——韦依对现代大众社会(Massengesellschaft,指现代人际关系淡漠,无个性的社会——译注)的表述是一种对悠久而伟大传统的认知。圣本笃(hl. Benedikt,西方隐修制度的始祖,公元529年在意大利的卡西诺山建立了本笃会隐修院——译注)早就要求修士们应该"用受惊吓的耳朵"来倾听上帝的声音。

对现实保持警觉,这就是神秘主义——印度耶稣会会士梅勒(Anthony de Mello)这样说。这句话不仅仅适应于宗教史上的伟大人物,同样也在号召今天的人们通过日常生活训练自己专注的能力。梅勒说,孩子有睡前故事,而成人则需要唤醒自己的故事。日常生活中的专注和关注表明了这种内在的清醒,有了这种清醒,我就能以新的方式去感知周围的事物,并领悟它们的本质。

我们太容易转移注意力,而只有不受任何外在干扰时,我们的感官才会打开——只有这时,我们才能感受到所有存在的奥秘。

独　处

享受独处

"从未独处过的人,无法理解独处的快乐。"——苏菲主义(Sufi,指伊斯兰教泛神论神秘主义者——译注)大师伊纳亚特汗(Hazrat Inayat Khan)这样说过。而在谈话中,我却常常听到不同的观点。许多人抱怨:"我感到非常孤独,谁也不来看我,我没有能够交心的人。"独处成了痛苦的根源之一。

当然看待孤独也有不同的角度。如果能有意识地去感知孤独,就能享受独处。这完全取决于从什么角度看待孤独。我们可以为现在身边没有人感到遗憾,但也可以为自己不受外界干扰而高兴:现在没人想从我这里得到什么,没人牵扯我,没人向我提出什么要求。若能这样看待自己的处境,就能感受到自由,就能轻松舒口气,享受宁静以及由这种宁静而来的、环绕在我身边的祥和。德语中的"allein"（独自）一词——正如心理学家舍伦鲍姆（Peter Schellenbaum）所指出的那样——也可以理解为"all-eins"（将一切合而为一），他认为，在"与一切合而为一"这个意义上去理解孤独，是无比美好的。在孤独中我们能隐约感悟到人的一种原始渴望，从多样走向统一的渴望，与自己、与上帝、与周围的人、与世界融为一体的渴望。与一切融为一体的人，便能感知真实的本来面目，捕捉到真实的奥秘，认识到究竟是什么在最深处将真实统一在一起。

与所有人分开——跟所有人在一起

孤独有两副面孔。我们可能承受孤独的折磨，也可以视孤独为一种令人强大的力量。我们可以从正面感受它，把它当作一个让我们回归自我的内在空间。在人群中也可以感受孤独。今天，有许多人抱怨自己虽然置身闹市，却过着孤独而寂寞的生活。然而，在灵修传统中孤独却具有非常重要的意义，它属于人类生存的重要部分。

新教神学家和哲学家蒂利希（Paul Tillich）甚至认为，宗教开始于面对孤独。公元四世纪的修士从尘世退隐，是为了去荒漠与上帝单独在一起。在荒漠的孤寂中他们并没有感到自己是孤单甚或被遗弃的,相反,他们感受更多的是与世间万物的一种新的联系,感到与一切存在的融合,与一切合而为一。

作为修士,我认为孤独的体验具有决定性的作用。修士字面上的含义便是指单独生活的人。德语中的"Mönch"(修士)一词原本来自"manazein"(退隐)。修道生活的早期神学家狄奥西斯指出"monas"一词来自"统一"。修士指那些与自己达成和谐,与人、与上帝合而为一,并克服了内心分裂的人。

公元四世纪时古希腊修士埃瓦格里乌斯(Evagrius Ponticus,公元346—399年,基督教神秘主义者、著述家——译注)也持相同观点,他说:"修士是这样一个人:他与所有人分开,可又觉得跟所有人在一起。修士知道自己与所有人都是联系在一起的,因为他经常能从他人身上找到自己。"倘若能感受到这种与所有人的内在联系,在灵魂深处与上帝合二而一,孤独就会成为快乐的源泉。

人们不必非得到修道院或隐居起来,才能发现自己身上的"修士潜质",在日常生活中我们也可以体验到,独处正是生活力量的源泉。

接近存在的根基

"在大城市中，人们虽然比在任何地方都更容易独处，但永远不会孤独。因为孤独具有某种原始的独特力量，它不是孤立我们，而是将我们的整个存在，抛入所有事物本质的近处。"哲学家海德格尔的这席话对孤独给予了很高的评价。甚至可以说，他在哲学思考中获得的体验，与从前修士们的体验非常相似。

海德格尔将独处和孤独区别开来，一个人独处并没有什么特别的，只有当他感到孤独时才具有某种价值。孤独让我们接近事物的本质。孤独接近一切存在的根源，其所触及到的，是最根本的东西。德语中的后缀"-sam"也隐藏在"Sammeln"（集中）一词中，它原来就包含了"与某种事物相一致、具有相同的特质"之意。孤独的人与其独处是一致的。他喜欢独处，独处对于他来说是与自己达成一致，是认同自己的本质和所有事物本质的途径，它具有灵修性质。合而为一是所有神秘主义的目标。我们每一个人都可以感受到与自己合而为一的体验。在这样的瞬间我觉得和自己完全合而为一，认同自己的生命历程，与上帝创造的世界、与上帝、与所有人合而为一。时间和永恒在这样的时刻也融为一体了。

Alleinsein

然而，往往只在某个瞬间，孤独才会让我们体验到合而为一的境界。通常它展示给我们的是另一副面孔，孤独会令我们感到痛苦，让我们渴望遇到能与之交流的人，这时，我们的脑海里会浮现出《创世记》里的一句话："那人独居不好。"（《创世记》2:18）

通向"你"的途径

"只有通过内心的孤独才能找到通向'你'的途径。"存在主义哲学家费埃布讷（Ferdinand Ebner）被孤独中所存在的双向运动所启发，在孤独中看到了人与人之间真正相处的可能性：那些不得不粘在别人身边的人，其实往往不能了解"你"的本质。他们常常只是需要用别人来掩饰自己的孤独，而人与人之间真正的相遇和相处是不可能实现的。人们更多的是抱团取暖。只有那些能在孤独中自处的人，才有能力发现并评价他人的本质。他不是将别人拉到自己身边，而是惊叹地面对他人的秘密。他尊重别人，这样他才能感受到"你"究竟为何物。

像布伯（Martin Buber, 1878—1965，犹太教哲学家。布伯强调人类应该具有的基本关系是"我—你"，而非西方传统的"我—它"关系。即人要把身边的世界当作你，进行平等对话,在这种交流互动中了解自我,认识他人,而不是以自我为中心,把周围世界看成是第三者它。——译注)这些对话哲学的伟大思想家一样,埃布讷坚信,我们只能在"你"中找到真正的"我"。然而,为了了解"你"的本质,就有必要去经受内心的孤独,并在孤独中发现自我存在的本质。我们以为知道自己是谁,可我们到底是谁呢?那个我们可以说"我"的时点究竟出现在哪里呢?只有我们了解了"我"和"你"的本质时,才会产生"相遇"的奇迹。为此我们需要体验孤独。

善待自己

"在回归自我的孤独中,每个人都会看清自己究竟拥有什么。"——叔本华的话不无道理:独处迫使他面对自己,他必须与自己和睦相处,能享受保持自己本来面目的自由,或者像囚徒一样感受到自己的局限性。让-保罗·萨特对孤独和独处的关系也有过相似的看法:"独处时如果感到寂寞,就意味着没有善待自己。"谁独处时感到孤独,就说明他无法忍受自己。只有善待自己的人,才能忍受独处。反之,若是自我贬低,独处就会变成一种折磨。因为,人们很难与遭到自己谴责和贬低的人友好相处。只有认可自己,才能体会到独处的自由。

年　龄

一切要趁早

"对待年龄要像对待一切事物那样,必须趁早才能成功。"——阿斯泰尔(Fred Astaire)如是说。他告诉我们,只有接受自己会衰老,并很好地利用年龄的优势,才能拥有美好的生活。他没有劝导我们长久地抓住青春,而是让我们接受自己终将老去的事实。这就意味着:我已随时准备放下过去,接受新的一切。勇于放手的人,才是具有生命力的人。即便是年轻人,为了成长也不得不放下青春。在人生的历程中,他们必须放弃某些生活的梦想。退休的人必须放弃曾经证明自己身份的工作,发掘自己其他的价值,以便继续保持生命的活力。变老是成熟的机会,与一个真正有智慧的老人交谈对任何人都大有裨益。老人的智慧像一束柔和的光照耀着我们的人生，在这柔和的光影里我们敢于直面生活的本来面目。但是韶华渐去的过程却并非没有痛苦，它意味着清醒地度过自己的人生，接受生活中种种艰难困苦。我们必须放弃掌控自己命运的幻想。

青 春 狂

今天，每个人都想拥有朝气蓬勃、精力旺盛和美丽动人的生命，而且希望尽最大可能保持活力四射且光滑柔嫩的年轻容颜。瑞士心理治疗大师荣格将这种现象称为文化的缺失："一个老人若听不懂溪流从山顶流向山谷的奥秘，便毫无用处，他只是一个精神的木乃伊，象征着僵化麻木的过去。他一生都将自己置身于生活之外，像机器般不断重复，直到最终成为老朽不堪之物。而需要这种阴暗形象的文化该是种什么样的文化！"将青春理想推崇到如此崇高地位的社会，同样也是个越来越衰老的社会。这种对永恒青春的宣扬在这个老人越来越多、年轻人越来越少的时代显得如此荒诞。

吕茨（Manfred Lütz）医生把当下盛行的对青春的狂热崇拜称作："为构建一个不幸社会而进行的卓有成效的大众集会"。——他还补充道："有一点是肯定的：真正愿意变老的人，才能对生活拥有长久的快乐。"他的话真是一语中的！

接受衰老

我做见习修士时的老师是个真正富有灵性的人,他曾对我说自己从未想过衰老的过程是如此艰难。他是位管风琴师,上了年纪后手指不再灵活,无法表现出精湛的技艺,他坦然接受这一现实后,演奏反倒拥有了一种新的境界。每天午饭后,他误以为教堂里只剩下他一人,便独自进行即兴演奏。他弹奏的声音不大,后来渐渐传开了,于是有些音乐爱好者便躲在教堂的角落里偷听。他演奏的管风琴音色柔和且极具穿透力,听着听着,听众的心灵平静下来,受到了鼓舞。某种轻柔和纯净的东西撞击着他们的灵魂,滋润了他们的心田。

年龄能修正衡量事物的标准:"以前我憎恨衰老,因为在我看来,一旦老了,许多自己想干的事都无法干了。现在当我真正步入耄耋之年时,才清楚地发现,那些事情其实我根本不愿做。"——这是一位不再纠结于自己年龄的八旬老人所发的感慨。他发现了更为重要的事情,他感到,自己关心的不再是要干所有心血来潮想做的事,而是自己真正想干什么。我们忧虑的许多事情其实无关紧要,衰老让我们关注生命中最本质的东西,让我们与那些曾在日常生活中迫使我们陷入匆忙和责任的一切保持距离。

格勒斯(Ida Friederike Görres)认为,衰老可以"微笑着"告诫要与那些每天疲于奔命的人拉开距离。她认为衰老"不是生活的结果,而是渐渐拉开的新生活帷幕"。老年人将覆盖一切事物的帷幕掀开,向我们展示最重要的东西:将我们的目光引向本质的事物,引向我们在死亡中期待的新生活。

回忆的源泉

变老的幸福和智慧蕴含在哪里呢?也许在于回忆。经历多的人,经验就多。谁愿意回顾过去的经历,谁就能永葆青春。老人并不是生活在过去,经历对于他来说更多的是一种源泉,他用记忆那永不枯竭的源泉灌溉当下,于是今天就这样被相对化了。老人看清了什么对于当下才是真正重要的,他能泰然自若地看待激烈的争论,对过去的回忆赋予他正确认识事物的能力,使他能从今天的繁忙和纷扰中抽身。遭受痛苦的折磨时,他总保有通向回忆王国的退路。对于文学家让·保罗来说,回忆是"唯一不会将我们驱赶出来的伊甸园"。即使被人抛弃或饱受伤害,我们仍能逃进回忆的伊甸园,谁也无法将我们赶出来。

礼 节

以礼相待是值得的

　　以礼相待并不是一个现代的概念,它让我们想起 19 世纪的市民社会。我们的同时代人、当代历史的见证者、前波兰外交部长巴尔托舍夫斯基(Wladyslaw Bartoszewski)曾写过一本名为《以礼相待是值得的》的书。巴尔托舍夫斯基早年是奥斯维辛集中营的幸存者,不久后在斯大林时期又多次被投入监狱。他在回顾自己一生的坎坷经历时清楚地得出结论:礼貌不只是良好的举止,它更决定了一切的行为和态度。根据德语字面的含义,礼貌包含停下来等候的意思。中途停下来才能注意到其他人,才能正确估计形势,看清怎样的行为才是审时度势。

　　布伦讷(Andreas Brenner)和齐尔法斯(Jörg Zirfas)认为,

这种态度是彼此友好相处的一部分:"以礼相待的人,能从别人身上看到自己——作为人的自己。对他人以礼相待最终也是源于自重。"以礼相待总是得体的,尤其是在别人遇到威胁或尊严面临挑衅时,我们一句鼓励的话和一个勇敢的行为都是对他的支持。反之亦然:假如别人对我们以礼相待,我们就会觉得受到了尊重,于是这样的相遇不再寻常,而是别有价值和意味。我们知道了他人的秘密,而且我们发现了自己以及自己的尊严。讲究礼貌的人不会贬低别人,而是抬高他人。他满怀敬意地候立一旁,使我们能诚实正直地审视自己。

劳 动

参与劳动

对于古罗马人,劳动并非什么好听的字眼。他们将辛苦的劳作称为"neg-otium"(即"非休闲"。在拉丁语中"otium"意为悠闲、闲逸,"neg"即"相反"的意思——译注),劳动即是对悠闲的否定。悠闲、拥有空余时间,是为了专心从事艺术和科学——这对于罗马人来说才是值得追求的事情。而劳动作为"labor"(辛苦的劳作),更多的是奴隶和乡野村夫该干的事情。圣本笃尽管自己是罗马人,却从根本上改变了罗马人这种对劳动的蔑视。他认为劳动是有意义的,人应该用自己的双手维持生计。生活并不是单纯的享受,它与辛勤的劳动是联系在一起的。不仅如此,劳动首先让人获得内心的自由,令人觉得能建设自己的生活,由此劳动也具有了一种社会意义——劳动永远是服务于人的。这里所说的服务,不仅仅指诸如护理、精神上的指导或治疗这种典型的服务,而且也包含所有其他的工作,如工人安装暖气,也是在为人服务。劳动的第三层意义是精神上的:在劳动中认识自己,在劳动中练就值得信赖、乐于助人、毫不利己这些行为举止,它们对于自己与上帝之间的关系起着决定性的作用。劳动要求我们将自己投入到正在处理的事物和需要我们的人身上。为了投入到工作中,我必须撇开自己,放下自我。

在德语中,劳动的原意并非指适意的事情。日耳曼人其实不太喜欢劳动。劳动一词的词根意味着"失去双亲,不得不卖身干繁重体力活的孩子"。只有在有了《圣经》后("若有人不肯作工,就不可吃饭。"——引自《帖撒罗尼迦后书》3:10)才渐渐开始用另一种眼光看待劳动。在中世纪,手工业者行会形成了自己的劳动伦理,而宗教改革又为劳动赋予了新的意义。

好好劳动,不要难过

有的人喜爱劳动,劳动给他们带来的只有愉悦,而对大多数人来说并非如此。文人们总是告诫我们,不要陷在劳作中,而脱离了生活本身。瓦尔泽(Robert Walser)看到了艰苦劳动的危险："那些不得不从事艰苦劳动、或劳动强度过大的人没有快乐可言，他们会闷闷不乐，且其一切所思所想都是简单而伤心的。"过多的劳动将导致忧伤和恼怒。圣本笃的一句名言却表达了不同的看法。圣本笃曾给一位哥特人一把斧子，让他铲除湖边的荆棘，由于用力过猛，斧头脱柄掉进水里。圣本笃将斧柄浸入湖中，斧头立即浮出水面，重新跟斧柄结合在一起。然后他将斧子递给那位体格健壮、却不够用心的兄弟，说："好好劳动，不要难过。"对于圣本笃来说，劳动恰恰是通往快乐的道路。

一种古老的疾病

"工作狂"（workoholism）是一个描述老病的新词。歌德早就告诫过人们，不要纠缠于永无休止的忙碌，而这正是当今许多工作狂的特点。他们虽然做了许多，但却收效甚微。因为他们与工作之间没有距离。为了逃避自己和生活，他们必须不停地找事做。歌德这样说道："无条件的劳作——不管什么类型，终将令人崩溃。"一个人倘若只献身于工作，他将从生活中一无所获，最终必将走向失败——就像"banca rotta"（意大利语，字面含义"摊位被毁"，"撤走桌子"，意指"丧失全部财产"、"破产"——译注）这个词的字面含义一样。他不懂得享受饮食和生活。当他最终坐下来与别人一道享受食物和生活的时候,他的桌子却被撤走了。这肯定不是通向美好生活的道路!

禁　欲

享受与放弃

在相当长的一段时期,禁欲完全是一个禁忌话题。而在最近几年,它又经历了一场真正的复活。没有禁欲就没有精英——这是社会学的一个观点。真正的精英从来都过着苦行僧一般的生活。面对日益严峻的环境破坏,魏茨泽克(Carl Friedrich von Weizsäcker, 1912—2007,德国著名物理学家——译注)呼吁全社会,选择一种禁欲的生活方式,用过即扔的一次性消费习惯和无节制的消费方式已令人不堪重负。提倡禁欲的生活方式在有些人听来像是说教,时常有人说,这是在吓唬人。古希腊人也是耽于享乐的民族,然而在他们眼中,禁欲却是一种值得尊敬的生活态度。禁欲意味着修炼和训练。运动员需要禁欲以期取得最好成绩。士兵禁欲是为了上战场。运动场和战场上的禁欲在哲学家看来,是为内心自由而修炼。斯多葛派哲学尤为盛赞自我控制、恬淡寡欲、镇静自若这些利于个人成长的理想品质。

谈到禁欲,并不意味着我们不能负担别的生活方式,我只是想唤起大家对禁欲的兴趣。禁欲是我们享受生活的前提,我们是生活的主人,而不是被自己的欲求所驱使的奴隶。起决定性作用的是我们内心的基本态度,内心必须充满快乐、喜悦、自由和爱。梅勒(Anthong de Mello)举了一个颇能反映印度人智慧的例子:"大师说:'如果不假思考,任何东西都无所谓好坏'。当有人请他进一步解释时,他说:'有个人一周七天都在愉快地遵守斋期戒律,而他的邻居在同样的情况下则觉得自己在忍饥挨饿。'"

这个例子说明:如果不是怀着真正的快乐去禁欲,它就会令我们失去活力。如果生活的乐趣驱使我们去禁欲,那么它就会引领我们去获得内心的自由、生活的乐趣和旺盛的生命力,它能感染和帮助别人。这一切都取决于以什么心情去面对,而不取决于某条教义。只有自由的人,才是有生命力的人。

孩子和花生

有一则古老的故事告诉我们,放手和享受之间有着怎样的关联。

一个小孩去一位老修士那里,修士的桌上放了一个装满花生的玻璃罐。孩子把手伸进去,想尽量一次多抓点花生,却无法将抓满花生的手从罐子里抽出来。老修士对他说:"松手,这样你才能吃到花生。"

这个故事是佛教的智慧寓言,也是在荒野中苦修的修士的故事。它超越了一切文化差异,向所有人指明了通向美好生活普遍有效的秘诀:想一次抓得太多,会让自己失去享受生活的机会。只有放手,才能享受。

正　直

心灵的外衣

"说出口的每一个词都出于心,都披着心灵的外衣。"伊斯兰教神秘主义者伊本·阿塔·阿拉(Ibn Ata Allah)说。这话是什么意思呢？邪恶之徒往往非诚实之辈,而正直的态度则属于美好生活的一部分。正直的人对自己的名誉很敏感,同时也非常在乎他人的名誉。这样的人往往值得信赖,他们为人直率,不搞阴谋诡计,也不会见风使舵。他们品行端正,其所作所为是正确的、合乎法律的。正直的人是诚实的,他所说的便是他所想的。其内心清澈明净。

阿拉还想借用这个比喻说明:正直之人的话就像一件朴素的外衣,听这些话的人也被披上了这件外衣。它适合所有人。这件外衣纯净、不引人注意、超越时间、表里如一。正直者的话令人鼓舞。反之,从病态心灵里流出来的话则令人沮丧和压抑。用语言贬损他人的人,也不会相信自己的价值。

语言会出卖我们。从心中流出的语言会显露我们的内心。正直诚实之人的语言也言为心声,表里如一。它能鼓舞人们过正确的人生:想正确的事,做正确的事。

仁 慈

一颗善待弱者的仁慈之心

"你们要慈悲,像你们的父慈悲一样。"(《路加福音》6:36)在《路加福音》中,耶稣用这句话概括了他的全部教训,所以,慈悲是上帝的本质。耶稣用"浪子回头"的比喻,形象地描述了慈悲的父亲:父亲不谴责耗尽财产的儿子,反而迎上前去将他拥入怀中。不加任何责备,重新接纳儿子。父亲要和儿子大肆庆祝:"我们可以吃喝快乐。因为我儿子是死而复活,失而又得。"(《路加福音》15:23)正如故事所描述的,这位父亲对原本富有现在却一贫如洗的儿子怀有怜悯之心。所谓慈悲是指对贫穷、孤苦、受难和受伤的人怀有怜悯之心。这一真理成为圣经福音的核心。

希腊人有许多关于慈悲的词汇,但其根本含义都是耶稣所指的意思。比如"splanchnizomai"——"我的心肠被深深打动了。"心肠是易受伤害的情感所在。如果我向别人敞开心扉,而不是将人拒之在外,那么我就是慈悲的。我跟他感同身受,因为我能在他的伤口中感受到自己所受的伤害。

同情的首要含义是"oiktirmon"(希腊语:"怜悯"——译注)。慈悲的人同情穷苦和受伤害的人,与之同悲,感同身受。但他不仅仅停留在情感层面,而且也准备帮助对方。

第三个希腊词"eleos"(怜悯)首先指的是善良:慈悲的人善待别人,同时也善待自己。他不生自己的气,也不苛责自己。慈悲总是意味着宽恕:原谅自己也原谅他人。在慈悲这个概念中包含不做任何判断和评价。坦然接受他人的一切。透过他人的所为所思,我感受到的是他的内心。我不停留在他的行为层面,而是深入到他的内心。我会设想,他的心是多么可怜,即便它外表看起来是如此冷酷无情。假如我向他可怜的心敞开自己的心扉,假如我心中的爱流进他固执、僵死、孤独、不幸的心灵,那么我便是真正的慈悲为怀之人。慈悲的态度对所有人都有益。

然而,我只有对自己仁慈,才能对他人慈悲。即便没有实现自己确定的目标,也不能妄自菲薄。我必须对自己有同情心。庞包(Abba Pambo)曾指出:"如果你有心,你就能得救。"谁相信内心,敞开心扉,谁的生活就是成功的。怀揣着一颗僵死的心,是活不下去的。

努力生活

过分严苛地对待自己有损健康。希腊有句谚语说:"不要按意愿生活,而要如所能生活。"这句谚语背后潜藏着对自己的慈悲之心。但是我们对自己的要求常常是毫不留情的:我们想做到完美无缺,希望完全丧失自我地爱他人,希望只献身于上帝。

然而,只要我们真诚观照一下自己的内心,就会发现那里还有别的情感、需求和愿望。我们必须告别自己的幻觉,慈悲地对待自己。我们必须承认,并非想什么就能做到什么,只要尽力就够了,而不必非要按照自己设想的理想方式去生活。

谦 逊

知 足

俗话说:"知足是装饰品,可没它走得更远。"哲学家更是将谦逊知足视为美德。然而大多数人却并不看好它。每个人都想拼命推销自己,以期卖个好价钱。所做的好事都应该说出来——管理学方面的书就是这样写的。市场就是一切,但它真的就是一切吗?

"知足"一词源自法律用语:法官判给我一些东西,就是他给我一份告知(德语中的"谦虚"一词原文为"bescheiden",而"告知"一词的德文为"Bescheid"——译注)。谁对所判定的份额满意,谁就是知足的(德语中的"bescheiden"一词包含:"谦虚的"、"知足的"、"微薄的"、"朴素的"几层意思——译注)。对自己所得份额表示满意的人,便是明智、经验丰富、明理且聪明的人。知足意味着赞同并接受自己所得到的——无论是天赋、资质还是机遇。不夸大自己的能力，满足于自己所拥有的，不必逡巡不前。内心平和与幸福的根基就在于此。

智慧的篱笆

犹太谚语说："知足是智慧的篱笆"。被压抑的心胸狭窄之徒不会有如此的生活态度。相反，谁对上帝所赐予的东西知足，谁就是真正的智者。他知道得比别人多，了解自己，因而能脚踏实地。他不垂涎别人所有的，而是能够自由地往深处探寻，认识存在原本的根源。智慧来自于了解，而了解则来自于洞察（vidi，拉丁语：我看到了）。知足就像一道篱笆，它圈出一个空间，在这个空间里，人们能体验真理，感知真实。真正智慧的人，并不是四处寻找的人，而是看清生活本质的人。知足的篱笆保护了内心世界，在那里我能看到所有存在的本源和奥秘：赐予我存在的上帝才是我心灵的真正财富。

感　恩

心怀感恩

巴比伦犹太教法典《塔木德》要求人们不能只想到好的，也要想到自己在生活中所遇到的不好的一面："要像感谢所遇到的好事那样感谢所遇到的坏事。""感恩"源自"思考"，实际上只有懂得思考的人才懂得感恩。认真思考上帝的赐予，就会在思考生活时心怀感恩。不知感恩的人是指那些想不起自己所获得馈赠的人，是无法驻足下来回顾自己人生的人。如果我对自己所遇到的一切心怀感恩，那么我的思想就会发生变化。生活中不好的东西就不会再唤起我的不满，不会再折磨我，因为感恩改变了我的想法。从所遭遇的不好的事情中，我也看到了某种意义。我知道这些会让我变得更强大。

遭遇挑战

知道感恩的人往往是受欢迎的人,别人愿意与之相处,而不知感恩的人则不然。他们对什么都不满,在身边营造出一种不满和痛苦的气氛,这种氛围令身边的人心烦意乱。无论别人怎么做都无法让他们满意。即便送给他们什么东西,也不会给他们带来快乐,因为他们无法为此感到高兴。他们无法充满感激地接受我们的礼物。他们将别人的馈赠视为累赘。或者觉得有什么在催逼他们给予我们同样的回馈。可这会令我们不再有送给他们东西的兴致。于是,我们宁愿与这种不知感恩的人保持距离,并尝试与那些令我们感到愉快的人为伍。

转　　变

东方有一个关于棕榈树的故事:一个邪恶之徒在一棵棕榈树的树冠里放了一块很重的石头。石头将树根深深压进地里。一年后,当这个邪恶之徒回来时,发现这棵棕榈树竟比所有的树都高。

感恩亦是如此。它会将别人带给我的伤害转变成一种挑战。它能使我们即便在艰难的生活环境中也能成长,把根扎得更深。它会给我以力量,不以荣辱为根本,一切建立在对上帝的信仰上。

源远流长

"遇到不知感恩的人,恩宠就会停止;而在有感恩之心的人面前,恩典就会牢牢系住他们。"(伊本·阿塔·阿拉语)这段话道出的人生经验告诉我们,感恩会带来美好的生活。那些只图享受的人,担心好的东西随时会被夺走,所以急切地四处索取;而那些知道感恩的人,又会不断得到新的馈赠。因此,伊本·阿塔·阿拉认为,感恩之心会用自己的绳索捆住恩典。这是一个非常形象的比喻:如果我们感恩,恩典就会像流水一样绵绵不绝。相反,如果我们对得到的一切都觉得理所当然,那么恩典就会枯竭。没有感恩之心的人总觉得自己得到太少,永远不知足。而感恩的人则总是心怀感激。他的生命如河流,感恩则让其生命之河源远流长。

表达谢意

海德格尔对感恩的起源进行了深入的思考,他说:"最初的感恩是指表示自己的谢意。从中产生出那种感激,那种我们从好的和坏的意义上视为报答和酬谢的感激。"

我们的存在基于这样一种认识:我们不是对自己表达谢意。我的存在并不是理所当然的事情。表达自己的谢意比感谢更为原始。我感谢上帝,因为他赐予了我生命,他每天都赐予我礼物。然而,仔细思考一下我生存的根由,就会发现,表达谢意是生活存在的基础。我是那个向别人表达谢意的人。我并非来自我自己,而是来自上帝。思考自己的存在,深究自己的生命本源,就会知道感恩,因为他以自己的全部存在,向上帝这个所有存在的根源表达自己的感恩。

谦　卑

完美的一部分

"假如没有谦卑之心,即便你拥有一切优点,依然是不完美的。"这句充满犹太智慧的话在今天的人听来很逆耳。谦卑——对于大多数人来说,它更多地散发出一种消极的意味。而在圣本笃的修会会规中却并非如此。谦卑在其会规中占了整整一章。我当见习修士时读到这章也不以为然。当时在我看来,谦卑一词也没有什么吸引力。在大多数人眼里,谦卑就是在别人面前缩手缩脚、不自信、自我贬低,看上去似乎是一种被动和压抑的人生态度。珍视自己荣誉的、自豪的希腊民族也认同这点。在希腊语中,"tapeinos"(谦卑的)一词同时也具有"低贱的"含义。据此,谦卑之人便是低贱之人。然而,人们也可以从另一个方面来看待谦卑。在德语中

"Demut"(谦卑)一词中隐含着"Mut"(勇气),原本是表示心绪。而在拉丁语中,"humilitas"(谦卑)一词则与"humus"(土地)有关。对于罗马人来说,谦卑意味着有勇气承认并接受自己附着于土地的自然天性。早期的修士也是这样理解的:谦卑意味着面对真实的自己,进入自己的灵魂深处——在那里不但能找到各种美德,同时也能发现种种阴暗面、侵略性、自大、忧伤、恐惧和无助。

"假如没有谦卑之心,即便你拥有一切优点,依然是不完美的。"这句话意味深长。早期基督教教父和修道院神父都有类似看法。只有勇敢面对和接受真实自我的人,才能毫无恐惧地生活。那些躲在面具后面的人,会时刻担心别人看到真实的自己,发现被自己精心隐藏起来的缺陷和弱点。对于修士来说,谦卑首先是一种虔诚的态度:感受到上帝存在的人,就能在上帝那里认识真正的自己,而自己真实的一面往往是令人非常痛苦的。在上帝面前才认识到我究竟是谁,认识到自己远远不及心中为自己设立的理想形象。对于修士来说,不想认识自我的人,永远无法感受到上帝的存在。因此谦卑是感受到上帝存在的前提。没有谦卑,我们就会按照自己的方式理解上帝,并自以为是。谦卑能使我们避免将自己的灵修体验强加于他人,它令我们脚踏实地,给我们的生活打下坚实的基础,而只有踏实的人才有毅力。在人生道路上不能谨守本分的人,往往会遭遇伊卡鲁斯(Ikarus,希腊神话中的人物。他本可以飞向自由,但因忘记父亲的叮嘱,飞得太高,而被太阳的高热融化了固定翅膀的蜡,最后因羽毛脱落而坠入大海——译注)那样的下场:他离太阳太近,最终坠入深渊。

直面阴暗面

基督教早期修士认为,谦卑的态度往往也是辨别的艺术,因为谦卑的人能勇敢地面对自己的阴暗面,接受自己的自然天性。谦卑是与他人友好相处的前提,只有如此,我们才不会将自己难以抑制的需求糅杂在与别人的关系中。我们经常会有这样的经验:有的人在与他人相处的过程中会迅速将自己难以抑制的控制欲掺杂进去,而另一些人则将这种控制欲与负疚感掺杂在一起,他们通过为别人全力付出而释放自己的犯罪感。尤其是在救助性的职业中很快便能感觉到这点,这种付出是无法带来福祉的。出于这种原因救助别人,只能耗尽自己的精力,却无法真正继续帮助他人。他会将自己所救助的对象束缚在自己身边,而不是给他们自由。

倘若不能将自己与自己的阴暗面统一起来,就无法看到上帝的真面目,他只会将光明的一面投射到上帝身上,并利用上帝去驱散面前的阴暗面。对上帝的认知包括：面对阴暗的上帝，一个与我们的想象完全不同的上帝，他打破了我们自己构造的形象。学会与上帝的阴暗面打交道会改变一个人，并使之成长和成熟。谦卑地直面自己的阴暗面，对于我们能真诚地面对上帝非常重要。

谨 慎

谨慎是一切美德之母

"假如你看到一个人,别人问他什么就答什么,看到什么就说什么,学到什么就谈什么,那这个人肯定是个白痴。"——伊本·阿塔·阿拉此言是在提倡谨慎的美德。回答所有问题、对每件事都发表看法,是轻率者所为。这样的人处事不得体,爱纠缠不休、强人所难。圣本笃认为,"discretio"(谨慎)是一切美德之母。谨慎是神灵赐予的用于区分和判断的天赋,是对正确尺度的敏感。该词源自"discernere",意即:划分、分离、区分。由于"discernere"也包含"absondern"(隔离)的意思,所以在德语中谨慎还有另一层含义,它更多地被理解为寡言和矜持。远远地观察,保持距离,不加评价。没有必要对每件事都加以评判。谨慎是一种能力———一种听任事情存在、避免对此做出任何判断和评价的能力。谨慎能制造出一种令人舒适的气氛。在一个谨言慎行的人身边令人感到自由——做自己的自由。不被别人盯着和评判,可以保持自己的本色。遇到问题或感觉不好时,我可以相信谨慎的人,也不害怕在他面前谈论自己,我知道他会守口如瓶。不谨慎会毁坏一个集体,谨慎则是集体能够存在的基石。

耳垂的秘密

《圣经》早已谴责过那些信口开河、对一切都妄加评论的人。比如在《箴言》中就已指出:"不可泄露人的秘事。"(《箴言》25:9)这不仅指的是喋喋不休的妄言,而且还有某种原则性的东西,那就是替他人保守秘密,并以敬畏之心看待它。什么都要说出来的人不可能拥有成功的人生,他很快就会感到孤独,因为谁都不会再相信他。"口里愚妄的,必致倾倒。"(《箴言》25:9)在任何民族和文化中,人们都知道信口开河的危害性。因为它摧毁共同的生活,激起人们彼此之间的不信任。巴比伦犹太教法典《塔木德》告诫人们不要听有伤风化的语言:"为什么整个耳朵是硬的,而耳垂却是柔软的? 这是为了听到流言蜚语时,能将耳垂塞进耳朵里。"

敬 畏

敬畏之心

现如今许多观察家都在抱怨人们失去了敬畏之心。持这种观点的不仅仅是那些认为从前的一切都比现在好的保守的怀旧者。敬畏是一种态度,意味着接受并尊重他人的不同之处。敬畏的态度与敬仰和畏惧有关:我在上帝或他人那里感受到了崇高的、陌生的、神秘的东西。我既在它们面前感到畏惧,又被它们深深吸引。有某种东西震慑了我。《圣经》首先唤起了我们对上帝的敬畏。同时在对待他人的问题上,敬畏也是一种对我们大有裨益的人生态度。"我的儿,在言行上敬畏你的父,这样所有的祝福就会降临到你的头上。"(《西拉书》3:8)敬畏表达了对父母的崇敬,它是人们福祉的源泉。"崇敬父的人会长命百岁,对母亲的崇敬就是对主的崇敬。"(《西拉书》3:5)《旧约》智慧文学中的老师西拉认为,敬畏是拥有长久而成功生活的前提。对父母的敬畏并不意味着忽视他们曾经的伤害,敬畏也不意味着在漫长的一生中永远要依赖他们,对他们言听计从。敬畏更多的是指我们即便不理解,仍然尊重他们;即便已经离开了他们,也仍然尊重他们。只有心怀这种敬畏,才可能进行良好的关系转换,在离开原来的家庭之后,与他们建立一种新的关系,在这种新关系中我们对他们所给予的生命之根心怀感激。

世界将成为一个市场

犹太思想家赫舍尔(Abraham J. Heschel)说过:"假如你失去了敬畏之心,让自负减少了对他人的尊重,那么世界对你而言将成为一个市场。"他深信,没有敬畏,人生将变得无聊而又无足轻重;没有敬畏,我们将不再惊叹世界的美丽;没有敬畏,一切都变得平庸而乏味,再也没有令人惊异和赞赏的奥秘。歌德将唤起人的敬畏之心视为每个宗教的使命,他认为,敬畏是人性的基本特征。

瓜尔蒂尼(Romano Guardini)对于敬畏也有过类似的阐述:"有了敬畏之心,人们就不再会像往常那样,为了一己私利,将某些东西据为己有。"敬畏开辟了一个能让人和事物都保持本来面目的空间。人的尊严需要人们对它保持敬畏。没有敬畏,就没有美好的生活。

教 育

孩子的秘密

德语中的"erziehen"(教育)一词源自"ziehen"(拉出,拖出)。教育一个孩子,实则意味着将隐藏在他身上的某些东西拉出来。拉丁语的"educare"(教育)一词也是如此,它源自"ducere"(引领),即:将孩子从其下意识的状态引向有意识的生活,将他从不成熟的状态引向成熟和成长,将孩子从其原来的混沌状态中诱导出来。

我十岁去上修院寄宿学校时,别人都叫我们"Zögling"(寄宿生)。也就是说,我们是别人的管教对象。"Zucht"(管教)是一个重要的教育手段,这个词也源自"ziehen"(拉出),其本意是将孩子从其原来的状态中引导出来。但是,管教常常被理解成别的意思,即:用按照预先确定的理想范本刻出的模子套用所有人。我们被套进了自己完全不愿接受的模子。管教直接与秩序联系起来了——我们不得不屈服于管教。

黎巴嫩诗人纪伯伦(Khalil Gibran)对教育的看法则不同,它更接近教育本身所表达的东西:将蕴含在孩子身上的潜能诱导出来。"你的儿女其实不是你的财产,他们是生命出于自身渴望而诞生的孩子。因为他们的灵魂属于明天,属于你做梦也无法到达的明天。"孩子并不属于父母,也不属于他们的教育者。归根结底,他们属于上帝。如纪伯伦所说,孩子属于生命对于自身的渴望。在其内心深处,他们渴望成为上帝所创造的自己,渴望自己符合上帝创造出来的独一无二的模样。这要求父母深入思考每个孩子不同的奥妙之处:这个孩子到底有什么渴求?他的奥秘是什么?他在想什么?感觉怎样?有何优势?有何天赋?当我们仔细思考每个孩子时,就会发现每个孩子都是独特的、无与伦比的。每个孩子都以自己独有的方式思考、感觉、行动和成长。我们无法支配孩子,因为他在我们无法企及的地方。我们只能预测,在其心中的明天是什么样子。但是我不知道对于他来说怎样才是对的。他的房间乱了,我们能整理收拾,却无法像环顾他的房间那样四下张望他的内心。我们无法按照自己的品味布置他的心房,那是我们进不去的地方。我们只能关注他们并祈祷,孩子能在明天这个"房子"里感觉自在,能看清并认可自己的明天。

放手的艺术

"我们希望孩子既适应环境又出类拔萃,却很少意识这二者之间原本就是矛盾的。"——普利策奖得主古德曼(Ellen Goodman)在这里向我们指出了在教育孩子问题上所遇到的另一个两难选择:一方面我们希望孩子听话,另一方面又希望孩子有主见、有个性,能从人群中脱颖而出。然而,循规蹈矩的孩子是不可能出人头地的,他们往往流于一般。我们应该放弃这两个期望,让孩子成为符合他们本性的人。

放手是良好教育的本质,优秀的父母都知道必须放手让孩子成长。然而事到临头,依然很难真正做到。首先,假如儿子带回来一个女朋友,而这姑娘完全不符合父母的设想,于是,所有关于放手的种种决心瞬间就都被他们抛到脑后去了。美国大出版商福布斯(Malcolm Forbes)的话更是一语中的:"想留住孩子,必须放走孩子。"尤其是当孩子选择了一条不同于父母所设想的生活道路时。那些选择走自己道路的孩子,也常常会回到父母身边,感谢他们曾经给予自己的一切。

友 好

友善激发生活热情

上商店买东西的时候,如果遇到一位态度友善的售货员,我会心存感激。我能很快觉察出,这种友善究竟是发自内心的,还是为了促进销售而摆出来的姿态。我喜欢友善的人,和这种人打交道令人愉悦。他们身上往往散发出某种亲切和愉快的气质,让人觉得受到了尊重和关注。赫舍尔现身说法地指出,上了年纪以后,别人的友善更为受用:"年轻时我崇敬聪明的人,现在老了,我尊敬友善的人。"友善的人对他人不妄加评论,而是施以援助,报以微笑,激励他人开始新的生活。友善让我们感受到自己的快乐和心灵的自由,它能感染别人,也能回馈自己,给所有人以快乐。

微笑——爱的开始

喀麦隆有则谚语说:"友善令他人对自己产生好感。"友善不但对他人是善举,对自己亦不无好处。不友善的人往往易使自己陷入孤立,在充满攻击性和不满的气氛中给自己制造敌人。负面的东西和正面的东西一样,都会产生影响。友善的人也会从别人那里收获善意,撒什么种子结什么瓜。德兰修女在这种友善中看到了耶稣福音的具体体现,并号召与之一起行善的修女:"微笑是爱的开始。友善和慈悲地对待他人,让每一个接近你的人在离开时都变得更加美好和幸福。"

友 谊

分享加深体验

古罗马哲学家西塞罗在其《论友谊》中指出:"假如一个人来到天堂,目睹旖旎的自然风光和美丽的日月星辰,吸引他的也许不再是这奇妙的景象;相反,若能遇到一个听他描述这美景的人,才会令他感到莫大的快乐。"我们虽然能够领略和享受一处风光,但同时也特别渴望能向别人描述自己所看到的美丽景色。与别人一道在美丽的地方漫步,会觉得更加快乐。幸福需要与人分享,独享则索然无味。有时候,向别人指出秋季森林里的阳光何其夺目,或者告诉别人,云彩后面有一座高耸的山峰,仅仅这样就足够让人感到快乐。然后,同行的朋友也会默默地朝着同一方向看去,为眼前的美丽景象所陶醉。还有些时候,我忍不住想把目睹的一切用语言表达出来,与同行的人一起绞尽脑汁想词儿,这更加深了我们对美景的体验,和人分享则双方都受益。

分享增进友谊

那些曾在科索沃战争中历尽艰难和危险的士兵告诉我,他们的女友对自己所经历的一切根本不感兴趣,这深深伤害了他们,这往往是他们断交的原因之一。过去的经历虽然可以自己一遍又一遍回味,但是只有讲述给朋友听才能加深记忆。我知道朋友在认真倾听,并对此感兴趣。假如朋友不准备跟我分享对于我来说很重要的东西,我就会感到被撇下了,被伤害了。友谊包括分享彼此经历过的、认识到的和感受到的东西。在分享的过程中过去的经历会变得更加紧密、更加深刻和更加生动。而且,在这种倾诉和倾听的过程中也会增进友谊,无论是不幸的日子还是快乐的时刻都需要有人分享。佛陀是这样理解友谊的本质的:"友谊体现在三个方面:在逆境中相互帮助,在顺境里彼此勉励,在不幸时不离不弃。"患难见真情,但友情也不仅仅只能在苦难中看到。维泽尔(Elie Wiesel)的话让我们想起犹太教神秘主义运动(Chassidismus)的智慧:"在幸福中能认清友谊,因为只有那些真正为你高兴的人,才不会嫉妒你。"

温 和

爱的武器

德语中的"friedfertig"(温和的)一词对应的希腊文就是"eirenopoioi"——这是耶稣在圣山宝训中用的一个词。耶稣将恢复内心的平静、促成和解称为有福。他祝福的不仅是那些内心平和之人,也包括那些准备在自己周围制造和平气氛的人。促成和平是一种艺术,需要为此付出很大的心力,需要与人交流,认真听取他人的真实想法,并从中找出一条能让他们彼此交流进而达成一致的途径。耶稣在爱仇敌中看到了在这个世界建立和平的先决条件:"要爱你们的仇敌,为那逼迫你们的祷告。这样,就可以作你们天父的儿子。因为他叫日头照好人,也照歹人;降雨给义人,也给不义的人。"(《马太福音》5:44—45)仇恨总是产生于迁怒。有人自己不能接受某种事情,于是迁怒于他人,并为此不依不饶。假如有人对此愤而做出回击,那么就是接受了这种投射来的敌意。爱自己的仇敌并不意味着听任别人对自己为非作歹,更多的是要看穿这种投射过来的敌意,透过它看到这个人内心的分裂和无能。因为他无法平和地生活,所以我们要通过爱这个内心分裂的人,打破冤冤相报的恶性循环,创造出一个安宁的空间,让这个内心分裂的人平静下来,然后再在我们之间创造出平和的关系。

耶路撒冷的犹太教法典《塔木德》中有这样一句话:"只有和平是被祝福的武器。"而和平与武器原本是一对相互对立的概念。如先知以赛亚所言,只有当刀剑被锻造成了犁头,和平才会出现。然而,《塔木德》却将和平称作一种充满力量的、有效的武器。这是一种被祝福的武器,一种能带来福祉的武器,一种将人与人联系起来而不是制造纠纷的武器,这种武器捍卫而不是摧毁人与人之间的相互关系,运用这种武器需要勇气。赖纳(Karl Rahner)在一个题为《和平的神学》的报告中,将这种制造和平的爱的武器称之为"疯狂的东西"。"爱真的是某种类似疯狂的、匪夷所思的东西,是一种无利可图的、令人愚钝的、心甘情愿被利用的情感。但它同时也令人拥有预先付出代价的勇气——而我们的政治家常常对这种付出退避三舍。"真正的和平只有在爱这条道路上才能出现。

好　客

丰厚的馈赠

古希腊罗马认为热情好客是重要的美德：好客的人能给陌生人提供栖身之所，能使群体与群体之间建立关系。《圣经》吸收了希腊人对热情好客的高度赞赏，这点在《路加福音》中体现得尤为清晰：耶稣本人成了像神一般的漫游者，他从天上下到凡间，受到了人们的热情款待。他回馈给他们神圣的礼物——博爱和智慧。玛利亚和玛塔这两姐妹展示了热情好客的两个方面。玛塔热情地接待了耶稣及其门徒，并奉上家里的食物，以便他们恢复体力。相反，玛利亚则坐到客人脚前，倾听他们的谈话。接待陌生人容易过分专注于照料，因此，待客之道也包括耐心倾听：陌生来客用言语馈赠了我们，而这些话我们自己是不会说的。以马忤斯村的小伙子邀请耶稣和他们一起回家,耶稣将复活的体验馈赠给了他们,于是他们的眼睛亮了,心也变得火热(参见《路加福音》第24:13—35——译注)。

接待天使的客栈

"不可忘记用爱心接待客旅,因为曾有接待客旅的,不知不觉就接待了天使。"《希伯来书》这样劝导早期基督徒(《希伯来书》13:2)。他在这里指的是曾经接待三位天使的阿伯拉罕。希腊正教的圣像画家将此视为三位一体的神,并喜欢将此选为圣像画主题。倘若没有这么多热情好客的人,基督教不可能在全世界如此迅速地传播开来,那些四处传教的人经常能碰上好客的人家,受到热情的款待。

古老的犹太教亦看到了好客的价值。巴比伦犹太教法典《塔木德》指出,热情好客与礼拜仪式同等重要。在信奉宗教的人眼中,好客总是被看成崇高的美德,而且推崇热情好客也往往体现了一种文化的价值。

当下,我们尤为需要在不同的文化之间建立联系,消除对陌生人和陌生文化的成见,跟他们联合起来。我很感激自己曾有机会生活在一个热情好客的家庭里。我父亲对所有人都敞开欢迎的大门。早在50年代,他就经常在圣诞节邀请外国学生来家里共度佳节。所有来宾无不从他那里得到很高的礼遇。有一次话别时,一位不会说德语的阿根廷修士说:"在你父亲身边令人感到颇受尊重。"——没有什么比热情好客更能表达美好的情感。

享 受

一门要学会的艺术

俗话说:"不能享受的人令人无法消受。"德语中的"genießen"(享受)一词源自"fangen, ergreifen"(捕捉,抓住)。对抓到手里的东西我们拥有支配权,也拥有用益权(Nießbrauch,指在不损害产业的条件下使用他人产业并享受其收益的权利——译注)。但用益权这个词更多的是指使用,而非所拥有的东西所传递的快乐。拉丁语所说的"frui"一词更多的是传达享用之物所带来的愉悦。只有给自己留出时间的人才能享受生活,如驻足欣赏落日的壮丽景象,奋力攀登后享受山巅的风光,让舌尖融化在葡萄酒的美味里。除了时间,享受还需要聚精会神,需要完全专注在眼前的事情上,专心致志地观看或者品尝。狼吞虎咽是无法享受美味的。吃饱喝足才有力气继续工作,而享受则不然,要能感受到食物的味道,并为此感到愉悦。我们需要学会享受,这是一门艺术。懂得享受的人往往受人欢迎,生活给他们带来快乐,因而他们也能给别人带来快乐。

正 义

比天使更伟大的人

有正义感的人往往充满朝气。《圣经》不断称颂这些"义人"。《诗篇》第92章这样写道:"义人要发旺如棕榈,生长如黎巴嫩的香柏树。"(《诗篇》第92:13)那些遵从自己本性且正确生活的人,其生活必然结出丰硕的果实。然而公平正义并不仅仅指正确的生活态度,也包含与他人打交道的正确方式。正义就是分给每个人该得的那份,对所有人一视同仁。神恩通过这样的"义人"身上发散到周围的人。《箴言》是这样说的:"但义人的路好像黎明的光,越照越明,直到日午"(《箴言》第4:18)。《箴言》经常拿"义人"与那些蔑视正义的"恶人"对比:"义人的纪念被称赞,恶人的名字必朽烂。"(《箴言》10:7)或者"义人的口是生命的泉源,强暴蒙蔽恶人的口"

(《箴言》10:11)。显然,我们只有公正评价上帝赐予我们的本性,从善如流,诚实正派,刚正不阿,才能拥有成功的生活。

《新约》称赞玛利亚的丈夫约瑟夫是个义人:"她丈夫约瑟夫是个义人,不愿意明明地羞辱她,想要暗暗地把她休了。"(《马太福音》1:19)约瑟夫容正义和慈悲于一身,他并未坚持要求遵守戒律,而更多的是公正对待别人。他不想伤害和责骂未婚先孕的未婚妻。正义显然是友好相处的先决条件。古希腊哲学家柏拉图早就赞扬过正义,他认为这是最重要的美德。正义在于人们公正地对待自己的精神力量,使自己内心的各个方面达到很好的平衡。而且正义是一门艺术,一门公平分配给每个人该得那份的艺术,这样世界才会太平。为了拥有适合我们的成功生活,我们迫切需要正义。耶稣称赞那些有福的人:"饥渴慕义的人有福了,因为他们必得安慰"。(《马太福音》5:6)巴比伦犹太教法典《塔木德》形象地表达了对正义之士的高度评价:"义人比天使还伟大。"——这是对正义所能做出的最高评价了。

健 康

快乐的心是最好的良药

每个人都知道,美好的生活需要健康的身体。如今许多人心中,健康取代了宗教,它常常被视为最重要的财富。一切的努力都只围绕着尽可能健康地生活。然而,若将健康推崇到宗教的高度,反倒会失去健康。古希腊医生早就知道,健康是其他价值所产生的结果:按自己本性活着的人往往是健康的。人的本性包括超越自我,视上帝为最高价值。因此,古希腊罗马时期的医学认为,宗教是通向健康的重要途径。然而,即便人们的所有生活手段都是健康的——健康的生活方式、健康的食物、健康的生活态度、健康的精神——仍然不存在万无一失的健康保障。健康不是我们应当得到的权益,它永远只是上天馈赠的一个礼物。而且我们的生活常常会被疾病、弱点和无助而打乱。一个只担心自己健康的人将会失去健康,这点巴比伦犹太教法典《塔木德》早就指出过:"忧虑会杀死最强壮的人。"相反,《圣经》却说:"喜乐的心,乃是良药。"(《箴言》17:22)

节食狂和幸福瘾

古希腊哲学家柏拉图说过:"一味担心健康也是一种病态。"有些人在健康课程和特别食谱中寻找健康的食物和健康的生活方式。我们重视健康,认真考虑究竟什么东西对我们有益,这无疑是件好事。但是按照柏拉图的说法我们也可以推论出:一味追求幸福是一种不幸。医生和治疗学家吕茨(Manfred Lütz)写了一本既具现实意义又不乏讽刺意味的书。它告诉我们:其实没有能力享受生活乐趣的根源,正是由于对生活乐趣的过分追求。书的副标题颇具挑战的意味:《反对节食狂、健康狂和健身狂》,他告诫我们,过分关注自己身体是多么夸张和可笑,这席话肯定触动了许多人:"所有鼓吹健身和健康的人都热衷预言,通过健身将会得到无尽的消遣和最终的快乐。经过脱胎换骨似的改造,得到洗衣板似的腹部、棕黑色的还魂尸和拉皮除皱的大婶。我抗议!——以生活乐趣的名义。"无休止地寻求消遣娱乐只会带来失望。

无论是为健康担忧,还是寻找幸福,或是追求快乐,都应适可而止。我们必须时刻意识到,在奔向健康的道路上会遇到疾病,在通往幸福的道路上会遭遇不幸,在通往快乐的道路上会出现忧伤。只有时刻注意到这两极,才能获得幸福的生活。

把疾病当成机会

在古希腊,医生最重要的职责不是治病救人,而是教会人们健康生活的技巧。早期教会承担了这一使命,它将心灵之路理解成通向健康的道路:禁欲和修行有益于健康,宗教节日能将人们与其原始的力量联系起来。荣格认为教会年度是一个治疗系统。一年中所庆祝的那些节日,正好将人们心中关心的重要主题表达出来了。但是基督教也知道,疾病和痛苦总是伴随着人生。假如一个人生病了,并不意味着他在宗教道路上的失败。疾病更多地被视为机会——向上帝和真实的自我敞开心胸的机会。无论饮食多么健康,平时多么注意体育运动,也不管是否坚持拥有健康的精神生活,人都可能生病,会染上从外面传来的疾病。而预防疾病的技巧在于,对一切生命的最深奥秘敞开心胸,摘下面具,去接触真实的和纯粹的自我。

追求幸福

不幸的根源

每个人都竭力追求幸福,而越是追求,所获得的幸福就越少。中国古代的智者庄子早就深谙此道,他说:"知足者常乐"。在与自己内心达成一致的瞬间,在达到忘我境界的瞬间,我是幸福的。那时我一无所求,不再有任何压力迫使我非要达到什么目标不可。当下有许多讨论幸福的书籍,大家似乎觉得我们比任何时代的人都更加不幸。美国社会学家、哲学家霍弗(Eric Hoffer)在研究中发现,对幸福无止境的追求正是我们这个社会缺乏幸福感的根源所在,因此他完全认同中国先贤庄子的思想,认同"对幸福的追寻是不幸的主要原因"。许多人以为幸福是能创造出来的,能在一次美妙的旅行中、在一个健康的周末里、或者在运动带来的成就感中找到幸福。但是我们不应该在自身之外去寻找幸福,幸福就在我们心里。我们只需要观照自己的内心,就会发现心灵的丰富。假如我们肯定自己,对自己的生活和生活每天赐予我们的、数不清的平凡小事充满感激,幸福就在我们心中。

慷 慨

慷慨与吝啬

犹太先哲说:"吝啬者不是自己财富的主人,相反,财富是他的主宰。"而对于一个乐于给予、不死盯着自己已拥有足够多的东西、愿意与他人分享的人,我们称之为慷慨的人。"großzügig"(慷慨)一词原本的意思是令某人心胸开阔,在大事上一帆风顺,不瞻前顾后,能干大事和分担大事。跟慷慨的人打交道令人愉悦,我们的胸怀也会随之变得宽广。而吝啬的人则会给我们带来一种苦味。与他们为伍我们也会变得心胸狭窄。吝啬的人是指那些过分节俭的人。而且"Geiz"(吝啬)的本意源自"Gier"(贪婪)。吝啬的人对财富很贪婪。为了积累更多的财富,其方法之一便是什么也不付出,将一切都捏在手里。吝啬的人对自己所拥有的并不感到满足,他甚至会在别人面前隐瞒自己的财富,怕招来他人的嫉妒,更怕别人来抢夺他的财产。

　　古希腊演说家德谟克利特这样评价吝啬之徒:"吝啬的人堪比蜜蜂,他们不停地劳动,似乎他们能永生。"吝啬的人只知道埋头苦干,忘记了享受。他既不会享受自己的一切,更不可能与他人分享。而只有与别人分享,我才能为自己所拥有的感到快乐。自己独享美味,很难感受到与他人一起分享才有的快乐。吝啬的人只知道苦干和节省,却忘了生活本身。吝啬令人心胸狭窄,而慷慨的人却心胸宽阔,他想与人分享自己广阔的内心世界,对别人敞开心扉。由于他将自己的内心看得比许多东西都重要,所以他能慷慨地将自己所拥有的分给他人。在他宽阔的胸怀里,许多人都拥有一席之地,他们在那里可以找到爱、温暖和安慰。

故 乡

秘密栖身的地方

为了拥有健康的生活,人们需要故乡。故乡是我们曾居住过的地方,是我们的家园所在。德语中的另一个词"Geheimnis"(意为"秘密"。德语中的故乡一词为"Heimat"——译注)就是与它同源的。我们只能在隐藏自己秘密的地方,才能找到家乡的感觉。故乡更多的是对以往岁月的追忆,对幼年时期安全感的回味。它之所以令我们兴趣无穷,是因为它能让我们想起许多往事——那些曾让我们着迷的、令我们倍受鼓舞的、从天而降的幸福往事。今天许多人都觉得自己像无根的浮萍一样痛失家园、无家可归,还有的人沉浸在对失去故乡的怀念中。我们应该到故乡的真正所在去寻找它:故乡就在我们的心里,上帝的秘密也就在我们心中。如果我们能在心里找到精神家园,便能在现在居住的地方感受到故乡的存在。

有故乡的人有福了

一条犹太教的《米德拉什》(Midrash,希伯来语"解释"、"阐述"之意。指犹太教解释、讲解《圣经·旧约》的布道书卷——译注)说:"死亡好过被逐出家乡。"犹太人深知故乡意味着什么,对于散落在世界各地的犹太人来说,了解自己的故乡显得更为重要。弗里德里希·尼采也深知没有故乡的痛苦。他在诗歌《孤独》的第一节中这样写道:

> 乌鸦大叫着
> 呼哧飞向城市:
> 很快要下雪了——
> 那些现在还有故乡的人有福了!

诗的最后一节重复了第一节,但是最后却以恐惧不安的喊声结束:"没有故乡的人痛苦吧!"尼采认为只有拥有故乡的人,才能经受"漫游在冬季"。他借用"漫游在冬季"这个意境,来婉转表达现代人那种"在路上"的生命感受:这并非浪漫主义的快乐漫游,而是在冰天雪地中的寒冬漫游。人被冻僵了,不再能感受周围的一切,不再有充满活力的生命。我们需要体会心里的故乡,才能抵御世上的风刀霜剑。

乐于助人

最美好的词汇

"帮助"是世界上最美好的词汇,比"爱"还要美好。——奥地利女作家、诺贝尔和平奖获得者贝尔塔·冯·苏特讷(Bertha Sophia Felicita Baronin von Suttner, 1843—1914,资产阶级和平运动的代表人物——译注)曾这样说过。帮助、支持和援助他人体现了真正的人性。爱德曼(Marion Wright Edelmann,儿童福利运动家,同时是儿童保护基金会创办人兼董事长——译注)更认为:"乐于助人是我们为生存支付的租金,它是生活的主要目的,不能与业余活动混为一谈。"许多人都赞同人与人之间应该友爱互助,但是这种观点往往停留在想法上,很少在人与人之间的关系上具体体现出来,而帮助他人正是友爱的具体呈现。同时这种帮助往往不显山不露水,体现在生活中的点滴小事上。那些我们不以为然的事情,在别人看来却可能是一个很重要的帮助。19世纪英国女权主义者、作家哈利叶特·马蒂诺(Harriet Martineau)也呼吁我们将对爱的理想化想象落实到行动上:"一颗充满伟大想法的灵魂最好落实到细微的行动上。"诗人布莱克(William Blake)也表达过类似的观点:"做好事,意味着在某个确定的时刻做一件非常具体的事情。一般意义上的善是白痴和无赖的捷径。"我们总是不可避免地将善和爱停留在口头讨论的层面上,很难付诸行动。抓住最后的机会吧,"只有做出来的才是善举"。(凯斯特纳语)

帮助每一个人

今天,注重精神生活的人往往热衷于寻求某些特别强烈的宗教体验,渴求顿悟。美国心理学家达斯(Ram Dass)在进行佛教修行时问老师,怎样才能顿悟。老师的回答极简单:"帮助每一个人!"起初这一回答令达斯颇感失望,因为它听起来再普通不过了,而此前他所想象的顿悟应该是通过某些修炼才能获得的。然而,大师却将他指引到日常生活中。耶稣也用挑战的口吻说过类似的话,在谈到奴仆做了自己分内的事没有得到特殊的酬谢时,他说:"这样,你们作完了一切所吩咐的,只当说:'我们是无用的仆人,所作的本是我们应分作的。'"(《路加福音》17:10)许多人不喜欢这句话,但这句话却符合许多民族的智慧。中国人说:"道可道非常道。"灵修意味着去完成自己分内的事——对自己、对别人、对在某个具体时刻分内的事。灵修并不意味着超越他人,或者谋求某种特殊的东西,以得到良好的自我感觉,而是让人参与到日常生活的平常小事中。这意味着去帮助应该得到帮助的人,因为他需要帮助。圣雄甘地也是这样理解灵修的。他让人在自己的墓碑上刻下:"记住你曾遇到的最可怜的人,好好想想,你的行为是否能帮到他们。"

希 望

一切都会好起来

希望不是盼晴天的感觉。犹太哲学家本雅明(Walter Benjamin, 1892—1940,德国哲学家、批评家、翻译家——译注)说:"希望是因失望的人而存在的。"如今有许多失望的人,他们失去了对美好未来的期待,常常自动放弃希望。但丁认为,放弃希望的人就生活在地狱里。希望为我们打开通向未来的大门,昭示我们的生活是有价值的。它推动我们前进,振奋我们的精神,开阔我们的心胸。希望总是针对某一个人——我为你而希望,为自己而希望:我希望自己一切都好,我希望你的生活幸福——希望你内心越来越宽广,希望你越来越接近上帝塑造的本来模样。

灵魂的呼唤

在我看来,在伟大的德国诗人中,荷尔德林是最重要的一位,因为他在灵魂圣地看到了希望的源泉:"我常常听到,像一声来自灵魂圣地的呼唤,给沉郁中的我们以幸福,给我们以新的生活、新的希望。"

希望在我们的灵魂深处与我们说话,它永不放弃,不管环境多么恶劣,它依然憧憬着美好的未来:我相信,虽然眼下不顺利,你仍能拥有一个美好的未来。尽管刚刚历经疾病和危险的磨难,我仍希望拥有成功的人生。

希 望

"希望总与业功相随,否则只是空洞的愿望。"(伊本·阿塔·阿拉)因此,希望不仅仅是一种内心的态度,而且应该转化成行动。希望驱使早期基督徒走向世界各地去传播福音,它激励人们为了美好的未来而付出努力。希望总是跳过我们看到的,相信看不到的。布洛赫(Ernst Bloch,1885—1977,德国著名哲学家——译注)撰写了一本关于希望的哲学著作:《希望的原则》,它鼓舞了正在成长的一代人。他在这本书中阐述道,人们所做的一切事情,都应当超越当下,指向未来。所有这一切都是我们希望的东西的显现。这种显现出来的东西充满我们的生活,是我们大家都憧憬的最美好的东西。布洛赫还在其著作中援引了奥古斯丁的《上帝之城》(civitas dei)中对乌托邦的描述。奥古斯丁认为第七个创世日还未来临,"我们自己将成为第七个创世日"(Dies septimus nos ipsi erimus)。那时上帝将完成他对我们的设想,我们真正的本质将会显现出来,然后,我们心中的一切也会好起来,一切都将会好起来。

礼 貌

我们需要这样的保护

在相当长的时期内,礼貌都被当作市民的举止或次要的美德遭到唾弃。"68年代的人"(1968年是世界各地青年学生大搞运动的一年。欧洲学生运动的主旨是反对资产阶级社会的传统价值。"68年代的人"指那一代学生——译注)挣脱了礼貌的束缚。他们自幼受到礼貌的教育,有时甚至是严格的训练,因此非常渴望挣脱这些羁绊。然而在"解放运动"后,他们很快就认识到,毫无节制地彰显自己的诉求和攻击性行为损害了美好的生活。外在形式对维持良好的社会生活同样重要。犹太教甚至认为礼貌意味着贯彻托拉的教义。一条《米德拉什》这样说过:"良好举止和学习《托拉》同样重要。"《托拉》及其所包含的智慧内容极其丰富,然而,若是缺少了礼貌,那么《托拉》的精神就会所剩无几,更无智慧可言。

礼貌的价值还表现在心理学层面。正如法国哲学家儒贝尔(Joseph Joubert, 1754—1824,法国哲学家、伦理学家——译注)所说:"礼貌能掩盖我们性格上生硬的东西,避免让自己的粗暴伤害到他人。即便在与粗野之徒的争斗中,我们也永远不能粗暴无理。"礼貌能保护我们免遭他人粗暴态度和自己激烈性格的伤害。我们需要这样的保护。因为毫无防范地将自己置于别人的攻击之下,令自己毫无招架之功,会撕裂我们的内心。礼貌就是承认我们所有人都需要保护,它通过外在的形式,构筑了人与人彼此相连的基础。

一笑泯恩仇

一则印第安俗语说:"你也笑,我也笑,幸福就来到。内心有仇恨,千万别表露。继续开口笑,直到仇恨消。"这话乍听起来有些混乱。我们今天对表里如一和本真性很敏感,认为不应该伪装自己,但礼貌不是伪装。它知道人很容易受到伤害,也了解我们心底的仇恨。为了让自己和他人免遭仇恨的伤害,我们需要彬彬有礼。我们希望礼貌能战胜仇恨,希望它不仅仅是徒有其表,而且能逾越人与人之间的沟通障碍,让我们能对彼此报以微笑,感受到内心的快乐,驱除心头的负面情绪。

战 斗

投入生活

"kämpfen"(战斗)今天已不是什么好词。我们很快就能联想到彼此敌对的双方和那些不得不参战的士兵。而且在个人生活方面,我们今天更主张采取温和的方式。和谐之道受到普遍的欢迎,人们更乐于采取令人愉快的方式解决问题。然而,在《圣经》和早期基督教教父的著作中,"战斗"或"militia"(兵役)是十分流行的字眼。早期修道士确信,只有与魔鬼以及那些妨碍我们生活的想法和激情作斗争,才能拥有成功的人生。而这种斗争并不是指消灭这种激情,而是与之搏斗,并在搏斗中使自己变得更加强大。我们应该在战斗中学习这种激情,并将蕴含在这激情中的力量为己所用。修士们坚信:没有斗争,就不可能拥有成功的生活;没有斗争,我们就会受到自己情绪的左右,听任社会潮流的摆布。只有那些勇于与一切阻碍自己生活的东西作斗争的人,才能迈向成功。投入战斗的人都明白,受伤是难免的。我曾遇到过一个年轻人,他从未抗争过。读书和学徒遇到困难时,他就中断学业,不做任何努力。他的母亲替他扫除了前进道路上的所有障碍。到了 25 岁时他却不得不清楚地看到,自己的生活正在从身边流过。由于他害怕受到伤害,因此不曾做过任何抗争。我建议他做出选择:要么继续守在家里,打量着外面的生活,然后不停地抱怨自己失去了生活的机会;要么勇于斗争,哪怕自己会受到伤害。

真正的斗争,其目标永远是生活本身,我们是为了生活而战斗。今天很少有人准备为了美好的事物去战斗,所以罪恶便越来越蔓延和猖獗。我们这个世界需要有人为了美好而战斗。仅仅坚信美好是不够的,我们必须竭尽全力为了美好的未来、为了人类而战斗。我们的社会需要这种有战斗精神的人,但不是好战的人,而是为了大家的美好生活而战斗的人。

放慢脚步

向蜗牛学习

拿多尼(Stan Nadolny,生于1942年,德国小说家——译注)的《发现缓慢》(*Die Entdeckung der Langsambeit*)一经出版便很快成为畅销书。针对越来越注重速度的现象,他提出了一种与之对抗的力量——缓慢。他相信,缓慢的人能从生活中得到更多。格拉斯也持相同的看法:"只被喂饱是无法满足的。要向蜗牛学习,带着时间一起走。"练习缓慢行事的人,不会把时间当成必须尽可能控制好的对立面,去很好地管理时间,而是把时间当成一个礼物享用。但是如果过分放慢速度,又会跟不上时间,并失去工作。因此我们需要同时做到两点:缓慢——在休息时、在冥想中、在礼拜仪式上、在和人交往中放慢速度;同时在工作中却要意识到时间的飞逝，快速而高效地利用时间。时而缓慢、时而飞逝的时间之间的张力让我们保持生命的活力和内心的平衡。如果在某个方面走向极端，那么我们就会要么陷入持续不断的时间压力下（在加速时），要么失去内心的紧张感（在放慢速度时）。

欲速则不达

"要是我们再平静一点、再缓慢一点，会更好，我们的事情会推进得更快。"作家瓦尔泽（Robert Walser）后来隐居起来，他生命的最后几年是在精神病疗养院度过的。他对我们日常生活中的病态进行了非常有洞察力的观察：越是急于求成，就越难找到解决问题的方法。为了真正解决某个问题，需要保持内心的距离。只有内心平静，才具备足够的创造力去开创新的事物。只知道围着问题转的人，找不到问题的结症，只会在那里急得团团转，却找不到出路。相反，如果能放松心情，沉着冷静，拉开距离仔细观察一下，就能有效地解决问题。我们总是想尽快把事情干完，然而现实却常常教育我们：要想用具有创造性的方法解决问题，需要保持内心的平静。

着眼于当下

"大多数人都迫不及待地追求享受,以至于与享受擦肩而过。"克尔凯郭尔(Søren Kierkegaard)这样诊断我们的时代病,他同时描述了当今高速度的生活怎样导致了我们的精神空虚。速度妨碍我们享受美好的生活。在这种令人眩晕的速度中,我们丧失了活在当下、享受眼前的能力。在讲习课上,我常常和学员们一道有意识地练习怎样放慢速度。我让他们像端着一个盘子那样极其缓慢地穿过房间。让他们想象,盘子里放的是某种不能泼洒的贵重东西,这样他们就会放慢脚步专心走路,专注地体会眼前的奥秘。对于许多人来说,这个简单的练习就是一种着眼当下的体验。并且,如果他们完全活在当下,就能全身心地体验生活,体验生活的美妙。

阅 读

沉浸到另一个世界中

阅读不是一种必须拥有的美德,但它却是美好生活的一部分。在阅读中,我们能沉浸到另一个世界中。对于许多人来说,阅读是一个避风港:在那里没人打扰,能体验到一个对自己有益的世界,一个不功利的世界,在这样一个世界里,灵魂能自由翱翔,人们能找到生活的动力。在阅读中读者会遇见其他人,不但能接触到作者本人及其思想和情感,还能遇见作者笔下形形色色的人物。此外,在阅读中还能认识自我:通过阅读能更好地了解自己的生活——在一个更大的语境下认识自己的生活。德语中的"lesen"源自一个词根,它的意思是"搜集、收集,拾起四处散乱的东西"。我们不但读书,而且还在收获的时候拾稻穗和摘葡萄("lesen"一词是多义词,在德语中它除了"阅读"这层意思外,还有"采摘""拣选"这层含义——译注)。像收获一样,读书时我们收集各种对人生的看法,从其他人那里和过去的事物中吸取营养。读书多的人肯定博学,懂得生活。这样的人有修养,因为他善于参照别人的生活经验。

读书本身就是有益的活动,阅读时我们能沉浸到另一个世界,阅读将我们从这个充满困扰和威胁的世界中解放出来,并遏止住围绕在我们身边的严酷、狭隘和无情。通过阅读,我们能接触到自我,即便所记住的东西不多,但它所产生的影响却是巨大的。在阅读的那个时刻我变成了另一个人,那时的我比任何时候都更接近自己,而越接近自我,就越可能拥有美好的生活。

书籍是朋友

一则犹太格言说:"让书籍成为你的朋友。"心情不好时,拿起一本曾给过我慰藉的书,它便成了我的朋友。书能打开我的视野,使我从另一个角度看待自己的烦恼。另一则东方俗语也表达过类似的观点:"没有书籍的房间,就像没有窗户的房子。"而驻足在一幢没有窗户的房子里是很不舒服的。书籍将光明照进我们的生活,它给我们打开广阔的视野。能通过窗户远眺的人,永远不会感到房子的狭小。书籍对身处浩瀚世界中的人来说,更多的是一个可以栖身、却无须隐藏的客栈。在一幢有许多窗户的房子里,人们生活在狭小与宽阔、远与近、隐秘与对远处的向往之间的张力中。阅读时,足不出户也能畅游天下。通过阅读可以了解形形色色的人及其生活见解,我们将从中获得更为丰富的人生经验。

一本产生神奇作用的书

巴赫曼(Ingeborg Bachmann, 1926—1973,奥地利女作家——译注)在《玛丽娜》(*Malina*)一书中写道,她渴望有一本书,它能捕捉世界的神奇之处,充满光明和生活的乐趣。她想写这样一本书,更确切地说她想找到属于这本书的语言。显然,这位女诗人在此谈到的是她本人的诗歌艺术,其目的是想撰写一本书,它能让读者打开眼界,并给他们送去生活中全新的快乐:

> 我的脑海里开始嗡嗡作响,然后是闪烁的光,几个音节发出微光,从所有句子的匣子里飞出彩色的逗号和曾经是黑色的句号。它们傲慢地变成气球飘荡到我头上,因为在那精彩的书中,我开始寻找的一切将变成"喜

悦欢腾"(Exsultate Jubilate,莫扎特的音乐作品——译注)……听吧!看吧!我读到了奇妙的篇章,我想读给你们听,请走近我,这些篇章真是太奇妙了!

我们以为,书籍为丰富我们的知识而存在,而巴赫曼的看法则不然,她认为,仅仅通过阅读她所渴望的那本书,就能令人们对奇妙的东西感到惊异。书籍能对读者产生神奇的作用,使读者着迷,并将他带到另一个世界。在那里他能找到新的生活乐趣:对神奇的乐趣和感恩,而这奇妙的一切是他在书中和自己身上发现的。

爱

感动和陶醉

我们每个人的心中都潜藏着爱与被爱的渴望。每个人都曾为爱感动过,为爱陶醉过。然而也曾有许多人受到过伤害,因为他们的爱是单相思,或者因为爱里混杂了攻击和冷漠。在此我只想引用几段格言,它们能让我们隐约捕捉到关于爱这个巨大奥秘的几个侧面。纳粹集中营幸存者维泽尔(Elie Wiesel)认为:"爱的反面并不是恨,而是漠视。"恨往往是对没有回应的爱的一种反应。我只会恨一个我重视的人。恨是一种像爱一样强烈的情感——而且它也可能重新转化成爱。爱最本质的对立面是漠视:对别人不加理睬,不让任何人靠近,对人冷漠而无动于衷。我拒绝别人的爱,也拒绝爱别人。冷漠的人其内心是贫乏而空虚的。

通向幸福的道路

默顿(Thomas Merton,1915—1968,美国作家及天主教特拉普派修道士,其自传《七重山》使他蜚声海内外——译注)说:"只有通过将爱赠与别人才能将爱保存下来。如果我们只为自己寻找幸福,那么在任何地方都无法找到。因为那些一旦跟别人分享就会变少的幸福,是不足以令我们感到幸福的。"许多人在爱情中寻找幸福,如果他们感到彼此相爱,就会觉得幸福。而爱情是抓不住的,只有将其继续转赠给别人——不仅包括爱我的那个人,还包括其他人——爱才会在我心中流淌,不然它就会变成两个人的自我中心主义,变成一个迟早会让生命窒息的共生体。与许多人分享的爱是通向幸福的道路,这对我来说是一幅美丽的画面。无法与他人分享的幸福太过渺小,无法带给我们真正的幸福。爱的前提是拥有广阔的胸怀。幸福需要呼吸的不是令人窒息的空气而是宽广和自由的气息。想用手紧紧抓住的幸福,反而会从指间滑落。幸福需要分享,只有这样才能使幸福永驻。

爱的时间

"有爱的心永远年轻。"——一则希腊俗语这样说过。那些散发出爱意的老人给人以生气勃勃和精力充沛的印象。爱使人永葆青春。但是在行色匆匆的日常生活中我们很难产生爱。爱需要时间,需要让人去感受去体会。当两个相爱的人分开后,他们不会立刻投入紧张的活动。他们需要时间去体会爱情,回味爱的甜蜜。沃尔夫(Christa Wolf, 1929—2011,当代德国著名女作家——译注)写道:"闲情逸致是一切爱情的开端。"在这里她修正了《圣经》关于游手好闲是一切恶习的开端的说法。她对闲暇的理解当然不同于圣经,而是更接近于古罗马人关于悠闲的理想。"Otium"(悠闲)对于古罗马人来说是最高财富。他们甚至找不到合适的词语来表达劳动,只能用否定休闲来表示——"negotium"(非悠闲),或者用"labor"来表示"辛劳"。悠闲是松一口气和享受自由的空间,在那里爱情才会健康成长。

一颗快乐的心

德兰修女打动了全世界许多人的心。人们不禁会想:每天如此近距离地面对眼前的苦难,这位身材瘦小的女性从哪里获得力量、热忱和快乐？她自己给出了答案:"通常只有从充满爱的心中才能生出一颗快乐的心。"由于心中充满爱,所以她总是快乐的。爱首先不是一种道德上的要求,如果强迫自己去爱,是一种苛求。爱支配着我们,让我们的心燃烧起来。它是一股神圣的力量,一团温暖和点燃我们激情的火焰。爱和快乐有一点是相同的:二者都能打开人们的心扉,让心胸变得更宽广。而只有宽广的胸怀才能融进快乐,因为快乐总是需要广阔的空间,才能蓬勃发展。

对宇宙万物称是

有时我们能感受到心中有一种对宇宙万物的爱。在这种爱中我们和万物融为一体,诺瓦利斯真切地感受过这种体验,他说:"爱是对宇宙万物称是。"爱充满着整个世界。它从美丽的花朵中向我们涌来,它在美丽的山谷中与我们相逢。克罗伊茨(Johannes vom Kreuz)称呼山峰为:"我的爱人"。山峰在他眼里充满浓浓的爱意。"称是"意味着接受和肯定。在爱中,宇宙万物接受和肯定自己;在爱中,宇宙万物接受和肯定每一个人。我们躺在鲜花盛开、春意盎然的草地上,沉浸在土地慈母般的怀抱中,就能感受到对世间万物的心悦诚服。我们心中充满爱的甜蜜,整个人都沐浴在爱的海洋中。和煦的阳光让我们感受到爱的温暖,清风爱抚着我们的面颊。爱使得大自然的一切声音在我们的耳旁变成美妙的音乐。

赞 美

语言产生真实

恰如其分地赞美别人是一门艺术。因为有的赞美并不令人愉快。犹太哲学家和诗人格维罗(Schlomo Ibn Gewirol)说过:"不要相信那些无中生有的赞美。"假如赞美成了目的本身,或者赞美只是一种谄媚,这会令人感到很不舒服。假如别人夸赞我自己根本感觉不到的优点,他一定另有目的。他的赞美不过是想使我就范。

在德语里,"loben"(赞美)一词与"lieben"(爱)同源。"Liob"是两者共同的词根,还有第三个词也是由此派生出来的:"glauben"(相信)。"相信"意味着看见别人身上好的东西,赞美就是把这些好的说出来。而爱则意味着和别人友好相处,好好看待我从别人身上看到的优秀品质。并且,赞美归根结底是用语言表达的爱。指称优点它会变得更加突出。当我夸赞一个人并说出我在他身上看到的优点,我就会让他自己也相信这点。语言产生真实。受到赞美肯定好过遭受责骂。美国诺贝尔文学奖获得者刘易斯(Sinclair Lewis,1885—1951,美国作家,1930年作品《巴比特》获诺贝尔文学奖——译注)曾指出,假装有教养的人喜欢对别人说三道四,而赞美却是可听得到的健康。为自己的生命赞美上帝之人,能让身边的人感受到他的健康。因为他身上散发出令人健康向上的气质,赞美有益于身心健康。

不因赞美而乐,亦不因责难而忧

公元四世纪的修院神父马卡里奥斯(Makarios)派一个追求成功人生的年轻人去墓地,让他在墓前先赞美死者一个小时,然后再责骂死者一个小时。死去的人当然对赞美和责骂毫无反应。于是马卡里奥斯说:"要像死人那样,不因赞美而乐,亦不因责难而忧,这样你就能拥有成功的人生。"只要我们期待他人的赞美,我们就对他人产生了依赖关系。我们不再是生活的主人,而是被生活所主宰。我们不能通过别人的赞美或责难来定义自己,而要仅以上帝为标准,这也属于我们成长的一部分。只有以上帝为根基,才能正确对待别人的赞美和责难。

伊本·阿塔·阿拉曾告诫我们应该怎样对待他人的赞美:"人们赞美你的是他们推测你应该具有的品质。而你只会自责,因为你知道自己拥有怎样的品质。"我们不应自我表扬,而是应该自我批评,这样才会继续努力,而不是自以为比别人高明。"要别人夸奖你,不可自夸。"(《箴言》27:2)巴比伦《塔木德》告诉我们应该如何以及何时夸赞他人:"当面可以略表一二,夸奖要在背后。"

别　离

离别令人痛苦

所有的离别都是痛苦的。离别意味着告别、分开和离去。一旦和某人熟悉了,就想一直和他保持关系。但是我不得不离开他,因为他走的是自己的路,我无法拦住不放。父母和子女之间的关系就是这样。而尤为痛苦的离别方式,莫过于自己深爱的人离开我们。离别是一门终身都需要学习的艺术。内心有许多东西加重了离别的痛苦:自身的恐惧、童年时期被遗弃的经历以及对孤独的担忧。每一次离别都会唤起对过往离别的记忆。而离别属于生活的一部分,只有告别旧的,才能迎来新的。死死揪住一切曾经很重要的东西不放,我们终会因不堪重负而崩溃,无法继续走完自己外在的和心里的历程。

适 度

一切美德之母

古希腊人早就把适度归于四大基本美德,人类的美好生活取决于这些美德。经常毫无节制的人,很快就会领教到自己心灵和身体的报复:他会生病,或者变得不满和冷酷。巴比伦《塔木德》早就告诫我们:"节制饮食能延年益寿。"饮食、工作、休息、享受和努力——这一切都应该适度。人总是生活在两极之中:爱与攻击、劳动与悠闲、挑战自我与善待自己。我们必须在这两极中找到适当的平衡。早期基督教修士说过:"一切过度都源自魔鬼。"

圣本笃在其《会规》中为修道院院长给出了尺度:"发布指令时当深谋远虑,谨慎周详。不管布置的工作是宗教的还是世俗的,亦该慎重有度。记住圣雅各布的谨慎,他说:'若是催赶一天,群畜都必死。'(《创世记》33:13)由此可以看出他对适度的推崇,因为适度是一切美德之母。修道院长若能秉此处理一切,将健壮者仍有力求的余地,而弱者亦不致沮丧退缩。"(《圣本笃会规》第64章:17—19)

今天亦是如此:只节食的人身体会垮掉,而耽于享受的人则很快会失去真正享受的能力。平衡从来就不是一成不变的,它更多的是一种流动的平衡,必须经常去寻找才能保持。

人的荣耀

美好的生活总是适度的,而掌握分寸并非顺理成章的事。希腊哲学家亚里士多德这样说过:"欲望的本质是无限制的,大部分人活着就是为了满足它。"我们本来就有在一切方面都放纵自己的倾向。对体育着迷的人往往陷入训练过度的危险,胃口好的人则越吃越多,金钱和财产更是能激发我们心中无止境的贪欲。就连在自我评价方面我们也常常找不到合适的标准:我们对自己的期望很高,不愿承认真实状况达不到我们对自己的预想。在自我评价中也要拿捏合适的标准是件痛苦的事。然而经验告诉我们,我们常常被有节制的人所吸引。相反,那些失去分寸、迷失自我的人,更多地给我们留下令人不快的印象。他过分高估自己,认为自己比其他人干的工作都多,然而当我们检查他的标准时就会发现,他所完成的工作却少得多,对这样的人是无法给予信任的。公元四世纪的修院神父波伊门(Abbas Poimen)说:"懂节制是一个很大的光荣。"的确,节制有度地生活是人的荣耀。

爱没有限度

我们给予别人东西时不能将尺度放得太小。耶稣在《路加福音》里要求我们:"你们要给人,就必有给你们的,并且用十足的升斗连摇带按、上尖下流地倒在你们怀里;因为你们用什么量器量给人,也必用什么量器量给你们。"(《路加福音》6:38)

尼施(Ulrike Nisch, 1882—1913, 1987 年封圣——译注),上世纪末被封圣的一位普通女性,她在生活中遵循的一项基本原则是:"爱没有限度。"如果我们的爱原本就源自上帝之爱,那么它就没有限度。因为上帝的源泉是没有限度的。这样的爱并不是对我们的苛求,因为我们——正如耶稣向我们展示的——也会得到丰厚且没有限度的回馈。

同 情

幸福的前提

能否对他人的遭遇感同身受,同情他人,这直接关乎一个人的尊严。同情是通向真正人性的道路。佛教大师一行禅师(Thich Nhat Hanh)说:"同情是唯一能帮助我们与其他人真正建立联系的能量。"没有同情心的人永远不可能获得真正的幸福。同情消除了人的孤立和隔绝状态,建立了真正的人际关系,并使那些有同情心的人显得高贵,这是真正获得幸福的前提条件。这听起来似乎是个悖论:因为对他人的痛苦感同身受,自己也会感到痛苦;陪伴他人一起感受痛苦,会使自己失去平静。同情常常令人感到痛苦,并深深刺激人的情感。但是,一行禅师仍然认为同情是幸福的前提。因为只要我在别人面前关闭心门,我的幸福之门也关上了。

同情与智慧

同情与智慧休戚相关——这不仅仅是佛教的观点。早期的修院神父一再要求修士们不要谴责别人,看到有人犯下罪过,也应该告诫自己:"这个人是怎样走上歧途的,我也可能会以同样的方式犯下罪行。"还说:"要和这个误入歧途的人一起哭泣,寻求上帝的帮助,与那个因违背上帝的戒律而受苦的人一起受苦,因为谁也不愿违背上帝的戒律,只不过我们所有人都被利用了。"如果对他人的境遇感同身受,就能理解他。从他人的罪孽中看到的是自己的罪孽。我们不应将自己凌驾于他人之上,高高在上地谴责别人。不断窥视他人错误和弱点的人,往往自以为比别人高明,靠这种对他人缺点的愤怒之情,唤起良好的自我感觉。今天,那些充斥流言蜚语的街头小报之所以能生存下来,完全有赖于这种愈演愈烈的偷窥欲。然而这种窥视别人弱点的行为是不人道的。只有不去谴责别人,而是同情他人,才能绽放出真正的人性光辉。因为他人的错误是放在我们面前的镜子。同情并不是一种将自己凌驾于他人之上的优越感,而是通过这种情感让自己设身处地为他人着想,和走上歧途的人一起经受痛苦,因为他的痛苦就是我的痛苦,他的弱点就是我的弱点,他的错误就是我的错误。而且他的痛苦能唤起我对自己痛苦的回忆。在这种同情中我们不但看到了他人的弱点,而且更多的是看清了自己。

该怎样去爱

像早期修士一样,虔敬派信徒——那些虔诚的犹太人将同情视为人类最重要的美德。马丁·布伯(Martin Buber, 1878—1965,犹太存在主义哲学家——译注)给我们讲述了一些虔敬派的神奇故事。在其中的一个故事中,摩德凯拉比说:"孩子,一个人如果不能感受到方圆 50 里内每个痛苦的表情,并为他人感到痛苦,为他人祈祷,尽力减轻他人的痛苦,他就不能被称之为道德楷模。"在另一个故事中勒普拉比说:"我从一个农夫那里学会了怎样去爱别人。那人在一家小酒馆里和其他农夫一起喝酒,他们一直默默喝酒,谁也没说什么。酒兴正酣时,他对身边的人说:'说吧,你喜不喜欢我?'那人回答说:'我很喜欢你。'他又说:'你说你喜欢我,可你却并不清楚我需要什么,假如真喜欢我,你就该知道我的需要。'那被问的农夫无言以对,然后两人都沉默了。于是我理解了:爱一个人,意味着满足他的需要、分担他的痛苦。"拥有真爱,就能感受到他人的需要,承担他人的苦难。印度哲人泰戈尔的一句话也表达了同样的体验:"想行善的人敲门,有爱的人找到敞开的门。"

悠　闲

分享上帝的安息

古希腊人和古罗马人非常推崇悠闲,认为悠闲是让人们进行深入哲学思考和冥想的前提条件。悠闲是上帝赐予人们思考生活的自由时光。基督教传统将古希腊哲学思想与《圣经》中的意象联系起来。比如《圣经》里讲到上帝有休息的安息日。上帝在第七日休息。人可以分享上帝的安息。因此,星期天不需要劳作,而是完全投入生活。另一处是耶稣讲述玛塔和玛利亚这对性格迥异的姐妹的故事。玛利亚选择了悠闲和冥想这部分,而这部分在耶稣看来是好的部分。在传统上人们往往将之称为"更好"的一部分。

然而,圣本笃告诫人们游手好闲是不可取的。悠闲是某种主动积极的活动:享受时光,将自己的时间和精力用于朗读、谈话和冥想。而游手好闲是指不知道自己该干什么。圣本笃说:"游手好闲是灵魂的敌人。"(《圣本笃会规》第48章:1)到处闲逛、无所事事,不将时间用在有意义的事情上,或者不把业余时间用来朗读和冥想——这些对灵魂都是有害的。这样灵魂就会失去张力。俗话说:"游手好闲是万恶之始。"这更多的是道德层面的考量,而圣本笃指的是心理层面的。懒惰不利于心理健康。妥善利用闲暇时间是一门独特的艺术。在悠闲中享受时光,投入到精神活动中去,读书、思考、冥想,专注当下,这样的悠闲时光具有某种治疗和解脱的功效。在享受悠闲的时候,我们分享了上帝的安息。

勇 气

能经受打击

德语中有许多以"Mut"(该词具有"勇气"和"情绪"两种意思——译注)做词尾的词,如:Demut(谦卑)、Sanftmut(温和)、Langmut(克制)、Großmut(慷慨)、Anmut(优美)和Übermut(傲慢)。显然要具备这些品质总是需要勇气和谦卑,即坦然接受自己的本性,面对他人的攻击保持温和的态度。勇气本指一种激烈的要求,但同时也是一种艰难的努力。一个优雅的(anmutig)人会唤起我们对他的渴望,我们因他而喜悦。勇气的本意亦为一种强烈的心灵感受,它针对的是人的内心和情绪;慷慨的人拥有宽阔的胸怀,但为了开阔自己的心胸,就需要向别人敞开心扉,这显然也需要勇气。自16世纪起,"勇气"一词更多地具有勇敢的意思。有勇气的人是指那些为了某种东西而去英勇战斗的人。他不为别人所左右,坚持自己的内心立场。

吕姆克尔夫(Peter Rühmkorf, 1929—2008,德国著名战后作家——译注)的下列诗句说的也是这层意思:

> 卑躬屈膝的人,也会让别人弯腰……
> 怕什么就会来什么!……
> 能经受打击!
> 能经受打击也能顶住。

勇敢的人不介意接受严酷的考验,他已准备迎接各种挑战,无论受到多大的挑战,仍能站稳立场,审时度势。他的勇气在于坚持与危害大家、妨碍生活的各种势力作斗争。勇气意味着将认识到的东西贯彻到底的决心。勇敢者有毅力,不会轻易放弃自己选择的道路,然而却并不固执。他总是被别人的痛苦所打动,但不只是分担他人的痛苦,而是同时会支持和帮助他人,即便自己会因此受到伤害。

在朋友面前的勇气

女作家巴赫曼认为,能在朋友和熟人面前坚持自己立场的人是有勇气的人——因为大多数人都很难做到这点。她说,我们需要的是"在朋友面前的勇气"。我们往往无法对朋友说不,因为大家都希望与人和谐相处。为了顾及友情,我们宁可让步。有时我们会为此扭曲性格,而勇气却是与这种种退让相对立的。勇敢的人不会退缩。只有遵从自己的意愿——即便偶尔也会与别人产生矛盾——友谊才能持久。在朋友面前需要勇气,即便朋友此刻不理解自己,也必须有勇气做自己。

邻里关系

接近和距离

《圣经》里说:"相近的邻舍强如远方的弟兄。"(《箴言》27:10)邻居原指住在临近的农夫。良好的邻里关系是美好生活的重要前提。与邻居交恶会败坏生活的兴致,假如邻里不和,那么家中所有的谈话都会围绕着邻居,还会观察对方在暗中算计什么,不断贬损和谩骂对方。而关系和睦的邻居则会互相帮忙、互相保护。在日常生活的小事中也会互相关照:外出度假时,邻居会替我们照顾房子、浇花。《箴言》中指的就是这种理所当然的亲近关系:一旦需要,近邻就在身边。假如觉得不舒服或者需要帮助,我就会去找他,在他身边就像在自己家里一样安心。

要尊重彼此的界限

亲近不是件简单的事情。哲学家叔本华将人与人之间的关系描述成豪猪之间的关系。第一眼看上去,他所勾勒的画面似乎相当悲观,然而,它的确以清醒理性的方式指出了邻里关系和睦的前提:"一个寒冷的冬日,为了避免冻僵,一群豪猪相拥在一起取暖,但很快就被彼此的硬刺扎痛了,于是不得不分开。但为了取暖,它们又再度靠近,然后再次被扎痛。豪猪被这两种痛苦反复折磨,直到终于找到一段恰好能容忍对方的距离为止。"

人际关系中亲近和距离二者缺一不可。如果内心觉得冷清,便会渴望和人亲近,而一旦太过亲近就会产生攻击性。就像豪猪要在亲近和距离之间找到恰当的关系那样,我们也要在这两极之间找到平衡点。如果邻居太过亲密无间会让人受不了。可假如邻居是那种与人老死不相往来的人,也会令人很不舒服。尊重自己和他人的界限才能维系良好的邻里关系。一则犹太《米德拉什》表达的也是这种意思:"邻居的家非请莫入。"

可持续性

周到的储备

越来越多的人都认同一个观点:所有的储备都是有限的。时下流行将可持续性看作一种美德。最近流传甚广的说法是:那些讲求可持续性的公司从长远看来不但节省了物质资源,而且也十分珍惜人力资源。从可持续性的角度来考察,追求短期效应反而要付出更高昂的代价。有些企业领导人为了两年的短期效益而完全改变生产结构,尽快计算成果。可一旦他们离开,一切又都会倒退,因为这种模式不可能长久。他们为了短期的繁荣,让很多资金都打了水漂。

心灵的积蓄

可持续性的原则同样适用于我们的个人生活。"储备"是指那些为应对紧急情况而预留下来的东西。我们不能一股脑把什么全都耗费掉,必须有所储备,以便在不利情况下可以取用。这种积谷防饥的做法令人镇定自若。而且这是一种内在的平静,当生活中需要新的力量时,我们可以返回这里找到支撑。有的人很快会跳到一个新的想法,然后非常亢奋地过早耗尽体力,但是一旦这种亢奋消失,他们就不再有气力来应对生活。若想在个人生活中保持可持续的状态,就需要处理好内在的资源储备。荣格认为,每个人心灵都有一定的储备力量。假如过快耗尽,我们就无法找到能再度吸取力量的源泉。相反,如能慎用这种心灵的资源,它就会不断重新生长出来,然后持续"经营"个人的能量。只有那些拥有足够内心力量的人才能给予别人,因为他保存了足够多的力量。就像《圣经》故事中约瑟在埃及为饥荒年代储存粮食那样,我们必须不断积蓄心灵的力量,这样,在日常生活消耗力量过多的情况下,我们就能动用储备了。

宽　容

最好是沉默

印度俗语说："别太在意别人的错误,要关注自己的行为。"无论什么地方的人都是一样的,因此,在所有文化中我们都能找到类似的教诲。公元四世纪在荒漠修行的神父们也曾给出了相似的观点和建议。有位老神父总是说："修行的人不应该总想知道这个人或那个人怎么样:这种探究只会妨碍他祈祷,并导致诽谤和空谈。因此,最好默不作声。"

只有相互谅解、宽容对方,才能长久共同生活在一起。如果对别人的缺点锱铢必较,或者暗中刺探别人的弱点,这样的相处方式是不近人情的。

谦卑没有舌头

当我们谈论别人的时候,立刻就掺杂了自己的评价和对别人缺点的好奇。因此对古代修士首先要求的就是谦卑。它包括宽厚地对待他人,不评判任何人。伊塞亚斯在谈到谦卑时说:"谦卑没有舌头,无法说别人粗俗、卑鄙;谦卑没有眼睛,看不见别人的缺点;谦卑没有耳朵,听不到玷污灵魂的闲言碎语。"修士们不为别人的缺点恼怒,而是将其视为观照自己的一面镜子:原来别人是这样陷入罪恶深渊的,自己每时每刻也可能犯下同样的过错。阿伽通有这样一个习惯:一旦看见某个兄弟犯了错误,他就会说:"阿伽通,千万注意,别犯这样的错。"这让他避免去指责别人。宽容和谅解是良好的共同生活之母,也是自我成熟之母。

秩 序

秩序治疗心灵

我们有时说:秩序是一半的生活——这句话隐藏着深刻的智慧。在中世纪,"ordo"(拉丁语,意即"秩序、规则、整齐、纪律"等——译注)是一个非常重要的概念。人们坚信,一切事物只有拥有正确的秩序,才符合上帝的意志,因为上帝将一切都安排得井然有序。因此,圣本笃也认为秩序具有极高的灵修价值。在《本笃会规》中,他将一切都安排得十分妥当:劳动、祈祷、相处、一天的流程以及与他人打交道的方式等等。通过建立外在的秩序,整理自己的心情。我也常常发现,对于那些精神抑郁的人来说,外在的秩序尤其具有治疗作用。即便心灵混乱不堪,至少也应该试图使日常生活井然有序。秩序能给抑郁的人以精神上的支撑。遵从外在秩序能使自己的精神和情绪不再混乱,并以此设法阻止内心深处的反复无常和优柔寡断。讲究秩序和规矩并不意味着将这些不良情绪隐藏在心里,而是为其打开一个空间,让心灵在里面得以修复。秩序能起到治疗的作用,有意义的秩序可以节省能量,而且为重要的事情留出足够的时间和空间,使人避免重新陷入不成熟状态的无序。秩序给人清晰的结构并促进人走向成熟。

有序的关系

我经常碰到一些生活不顺利的人:他们在时间安排上毫无章法,家里乱成一团,对自己的财务状况也不甚了了,老是忘记买东西,到想吃饭的时候才发现家里没有合适的食物。而外在总是和内在联系在一起的,外在的杂乱无章往往导致内心的混乱。所以必须使自己的外部环境保持有序的状态,才有利于心灵的平和。对于那种看似最老套乏味的事情——比如该怎样花钱——同样如此。有一则格言说:"妥当的支出意味着节省了一半。"许多人认为钱乃俗物,然而,假如在其灵修中不关照与金钱的关系,那么他们的灵修之道就是与生活擦肩而过。而且更为重要的是,他们终有一天会陷入债务危机。妥善处理钱财要从节省支出开始。如果安排得当,就能平静而有序地安心过日子。秩序是一半的生活。

责 任 感

责任感有利于生活

"Pflicht"(义务,责任)这个词如今不怎么提了。责任感被认为是庸俗市民的或僵化的普鲁士道德。此外,它也是被第三帝国滥用的一种道德:纳粹分子认为自己履行了义务。今天,人们更愿意用责任感这个词,这样,从词源上就不再具有好战和强硬的成分。"Pflicht"的本意源自"pflegen"(看护、照料)。而"pflegen"的本意是"为某事承担义务"和"为某事出力"。这个词后来又分化出另外两层含义:一层是照顾、照料、关心;另一层是"忙于干某事"、"惯于干某事"。如果将义务理解为"照料"、"出力"、"关心",它就带有某种积极和正面的含义。我所理解的义务是关心生活,关心所有必要的事情是否已经解决,这是在为生活服务。"义务"的另一层含义也服务于生活:我为某事操劳,投入某事,放弃围着自己转,一门心思投入到那些有待处理的和必须完成的事情。没有这种积极投入的生活态度,社会也就无法存在下去。

令人费解的智慧

哲学家、启蒙思想家门德尔松(Moses Mendelssohn)曾经说过一句令我费解的话:"只要没有尽到自己所承担的责任,就不可能幸福。"初读到这句话时,我觉得受到了捉弄。然而细细品味之后,它所蕴含的智慧却令我豁然开朗。如今,许多人都想拥有幸福,并不断在外面寻寻觅觅。但有时,正是在这种对幸福的追寻中我们忽略了生活本身。那些未解决的事情会妨碍我们找到内心的平和。生活中有我们该尽的义务:打理家务、必要的工作、照顾家庭。只有准备尽这些义务,并且不将其视为苛求的人,才能感到满足,并体会到幸福。尽义务本身并不令人幸福,但它却是幸福降临的前提条件。

建　议

智者千虑必有一失

"raten"一词包含多种不同的含义:考虑、思索、采取预防措施、建议、推荐、劝告、指示。陷入困境时,我们会说"一计千金"。建议就像一项指南、一个解决问题的思路、一次对手足无措的人的帮助。"Ratschläge"(劝导)在今天却往往遭人诟病,人们认为治疗师不应劝导别人,因为这仿佛是在打击别人。然而,"Ratschlagen"(劝导)一词原本出自"Beraten"(商议)。商议某事,意味着共同考虑一个方法。在各民族的智慧中"建议"一直颇受推崇。东方的智慧认为:"最好的马也需要栅栏,最聪明的人也需要建议。"向别人讨教也是一种谦卑。善于虚心求教的人,往往更加智慧。讨教并非必须听从他人的建议,但倾听别人的建议,会开阔自己的视野,有时甚至会由此发现另一条此前没有看到的途径。应该认真对待他人的劝告,认真思考他人的建议,但这并不意味着盲目听从他人的意见,最终决定选择哪条道路的还是我们自己。但是,智者往往乐于请教他人,因为他深知,智者千虑必有一失。

好的建议是一种支持

"给别人提建议易,给自己拿主意难。"——布拉茨劳的纳赫曼拉比(Rabbi Nachmann von Bratzlaw)总结出这样一个经验。我们常常对自己的问题过于纠缠不清,以至看不见解决的方法。可对待别人的事情,由于拉开了距离,反倒看得更清楚。我见过许多对教徒进行精神辅导的人和心理治疗师,他们能给别人很好的忠告和劝导,却无法帮助自己。尽管他们知道该如何做才对自己有益,但他们却无法听从自己的建议。其生活模式妨碍他们遵从自己给相同处境下的人所作出的劝告。然而,别人的劝导却能帮到他们。别人的建议是一种支持,它有助于我们走自己的路,或者它像一种许可,批准我们不顾一切阻力和一切似乎与之对立的说法,认真对待自己的意见。

听从爱你的人的建议

"听从爱你的人的建议,尽管你很难看出究竟谁爱你。"(犹太谚语)有些建议根本不适合我们,有的甚至会激怒我们!然而,如果我们知道给出建议的人爱我们,我们就该认真对待:因为他爱我们,所以他的建议对于我们往往具有挑战性,他相信我们具有这种能力。有些建议则常常会激怒我们,因为它切中了我们自己的想法。本来我们早已知道自己该干什么,但总是心存抵触。也许我们认为这种途径太过艰难,所以,许多合理的安排掩盖了我们自己的想法,使自己的想法失去价值。直觉告诉我们其实应该放弃这项任务,可是又忍不住冒出这样一些想法:"我不想让别人觉得我不守信用。""别人会怎么看我?""我不想让他们失望……"于是就只好继续做这件事,尽管内心非常抵触,并且为此弄得精疲力竭。假如此时有人劝我们:"放手吧!别在这个团体担任职务了!"这正中我们下怀,我们也知道:"别再自欺欺人了,别人说的是对的。"然而认识到这点,并听从建议却不是件简单的事。我们必须摆脱这种以受到别人欢迎、满足他人期许为生活目标的状态。我们的人生必须建立在一个完全不同的基础之上,而且这值得我们去尝试。

财　富

财　产

在《路加福音》中我们可以读到一则最为清晰的关于财富的故事。这部福音书所针对的对象是当时的中间阶层、大地主、大商人和征税官,这批富裕阶层的人对教育和哲学颇感兴趣。其中的一个场景即便对于今天也极具现实意义:一个人找耶稣抱怨兄长不与自己分享遗产——即便在今天,一旦涉及遗产,兄弟姐妹之间也难免不起争端。因为这不但涉及到钱财的分割,最终也会涉及究竟谁得到了父母更多的爱,谁才是父亲或母亲最宠爱的儿女。耶稣没有像当时的犹太教经师那样作为法官和调解人去评判这件事情的对错,而是将听众引导到另一个层面,开启他们的双眼,让他们看到本质的东西,思考生命的意义。而生命的意义不在于拥有用不完的财产,没有生命的东西是不会用之不竭的。财富引诱我们去抓住它、占有它,并为它上瘾,于是生活停滞了。然而,只有充满爱的生命才是丰富的,因为爱是分享,而不是抓住不放。

永不满足

每个人都有一个愿望,那就是变得富有。许多人都认为,所谓的富有是指外在的富有,是指拥有巨额财产。耶稣一直在告诫人们要提防这种财富。《路加福音》号召富人与他人分享财富。在《路加福音》中,路加具体阐述了耶稣所提倡的博爱和仁慈。耶稣认为财富本身并无罪过。如荣格所说,财富只会强化假面具。那些藏在财富后面的人,人们接触不到他本人,也无法和他谈论情感,因为他躲在自己建造的掩体背后。作为人他却是贫乏的,他没有能力和别人沟通,无法和别人进行近距离的接触和对话。《旧约圣经》中的传道士早就告诫我们要警惕这种财富:"爱钱财的人是永远不会满足的。"因为对财富的贪欲永远无法满足。拥有财富是人类与生俱来的欲求。我们期待财富给我们带来安宁的生活,可爱财的人又往往会痴迷于财富,反倒得不到安宁。而幸福则不然,既买不来,也无法占有。我们只能在真正生活着的那些瞬间发现它,只能在某个瞬间感受到它,但我们却无法将它永远抓在手中。

我们何时富有?

我们无法详尽地将一生的每个细节都计划得天衣无缝,也无法创造自己的幸福,计划总有落空的时候。我们可能遭遇不测,罹患疾病,甚至被死亡夺去生命。那么生命的意义何在?我们倾注巨大精力争取的一切,又往往会被外力从手中夺走,那么我们的生活究竟该建立在什么基础之上呢?

这就涉及到在上帝面前变得富有的问题。富有是指在上帝面前的富有,或者是指在上帝那里变得丰富和充实。那什么叫在上帝面前变得富有呢?如果我们心中有上帝,那么我们在上帝面前就是富有的。上帝是灵魂真正的财富。耶稣说过天国是埋在地里的宝藏和贵重的珍珠。倘若一个人的价值完全取决于他所拥有的财富,那他就永远找不到内心的财富。他必须不断聚积财富,以感受自己的存在,但是他会永远得不到安宁。那些将上帝视为自己内心财富去追求的人,不会紧紧抓住身外之物不放,他会毫无恐惧地活着,内心宁静安详。

沐浴在世界节日般的光辉中

"故知足之足,常足矣。"(《道德经》)真正的富有是满足于自己所有,那样就能归于真正的平静。耶稣要求我们关注心灵的丰富。他说天国是埋在地里的宝藏和贵重的珍珠,拥有这些的人是幸福的。埋在地里的宝藏是本质的、真正的自我,是上帝为我们塑造的本来模样。修士们将这幅内心的模样与蓝宝石相比,它折射出上帝的荣耀。谁要是在自己身上找到了这颗珍珠,那么整个世界都会照耀着他。维塞尔(Elie Wiesel)这样说过:"世界用节日般的光辉照耀着那些心满意足之人。"只有摆脱永不满足的欲求,找到自己真正本质的人,整个世界的光芒才会普照他。他不想独自占有世界的美丽,只是充满惊奇地面对它,而不是将它占为己有。

敬　意

应该尊重谁

"Respekt"(尊重)这个词源自"respicere",意即:回顾、环顾、顾及。如果尊重某个人,我们就不会不经意地从他身边走过,相反,我们甚至还会回头张望,仔细地打量,揣测这个人的秘密。假如顾及某人,就不会背后攻击他,而是关心他,照顾他,会顾及他容易受伤的地方,不伤害他。尊重他本来的样子,支持他,帮助他。要对每个人都给予这样的尊重。不但要关注表面的,还要关注内在的、隐藏在内心深处的东西。不但要对占优势的一方予以尊重,相反,蔑视权贵者之所以令人感动,恰恰因为他们追求的是更高的财富——真理、自由、正义。

那些看起来得不到尊重的人更需要得到尊重。《箴言》

中说过:"嘲笑穷人就是亵渎上帝。"正是那无法给自己装点门面的穷人,尤为需要我们的尊重和敬佩。我们也不要对那些高高在上的人表示尊重,因为这些傲慢的人自认为与众不同,这样的人需要的不是钦佩,而是同情——正如克劳迪乌斯(Matthias Claudius)所说:"假如碰到一个自以为是、不可一世的人,那你马上掉头离开,同情他吧。"

安　宁

心灵何以得安宁

　　谁不想拥有一颗安宁的心？这是今天每个身心疲惫的人都渴望的,但是许多人却无法找到安宁。他们无法放松下来休息,而且一旦身边平静了,反倒会觉得心神不宁:因为这时他们不得不面对真实的自己,这会令人更加感到不安。因此他们宁愿躲开自己,投入到紧张忙碌的生活中去。耶稣说:"真理必叫你们得以自由。"(《约翰福音》8:32)我们可以将这句话理解成:谁勇于面对真实的自己,谁就能得到安宁。平静始于自己的内心,哈罗茨齐拉比(Rabbi Halozki)说:"心灵的平静也意味着整个身体的镇定与放松。"假如内心不宁,即便什么也不做,身体也不会真正放松下来。而持续的运动也有碍心灵的平静。因此,必须让自己的身体休养生息,才能获得内心的宁静。

力量来自平静的内心

耶稣将那些不安的人召唤到自己那里,许给他们平静:"凡劳苦担重担的人,可以到我这里来,我就使你们得安息。"(《马太福音》11:28)不安的原因在于我们总是操心、自责、一直承受压力。在一次培训课上,我们谈到了强加给自己的压力。一位已经退休的女士说,她一直觉得很有压力,认为自己还必须有所作为,如果到中午发现自己还什么都没干,就会感到内疚。一位母亲在儿子要做辅祭时感到压力很大。一位男士为必须在十分钟内完成某项工作而倍感压力。从外部来看,这些压力客观上并不存在,它们是我们强加给自己的!总处在压力之下的人永远不会平静下来。只要周围安静下来,他的脑海中马上会冒出新的事情,于是这位操心的人会觉得自己必须马上完成某件事情。通向内心宁静的最重要途径便是放下强加给自己的压力。主耶稣让我们背负起他的轭,因为这轭是轻松的。背负起耶稣的轭是指观照自己的内心,而不是去承受外在的、或强加给自己的压力。越是能接触到自己内心的人,越是与自我融合的人,所承担的压力就越小。越是注意力集中的人,就越能感受到自我,但他不需要为感受自我而承受压力。因为他所做的事情都源于自己的内心,他的行为不但源自内心的平和,而且还会带来新的安宁。那些做事时焦躁不安的人,收获也不会太大。力量来自内心的平静。

谦 和

谦和的人有福了

谦和不是一个现代词汇,它显得有些过时。埃瓦格里乌斯(Evagrius Ponticus)是早期基督教修士中的心理学家,他将谦和看成品德高尚之人的特征。那些由于禁欲而心肠变硬的人,根本没有理解灵修。埃瓦格里乌斯以摩西为例,指出摩西比所有人都谦和。(见《民数记》12:3:"摩西为人极其谦和,胜过世上的众人。")他还告诉我们,耶稣曾说自己是谦和的。(见《马太福音》11:29:"我心里柔和谦卑,你们当负我的轭。")耶稣称赞谦和的人:"温柔的人有福了,因为他们必承受地上。"(《马太福音》5:5)

"Sanftmut"(谦和、温柔)一词源自"sammeln"(采集、聚集)。谦和的人能将自己心灵的各个部分都聚集起来,他不轻视也不排斥内心的一切。而将自己内心的一切聚集并统一起来是需要勇气的。我们的内心总是有一些我们不想要、宁可剔除和扔掉的东西。但是我们仍然将自己经历的那些痛苦的和快乐的、有价值的和尴尬的都一一保存在心里,这一切都是我们自身的一部分。那些能将自己的一切聚集和统一在自己心里的人,往往对他人也很谦和,也能够与别人友好相处,而不会粗暴地谴责别人的作为,因为他在内心不会谴责任何人。

谦和的人能将别人聚集在自己身边,由于其内心是专注的,所以他也能将别人聚拢到一起。他的身上会散发出某种令人舒服的、温柔的、吸引人的气质。谦和的人在与人相处时往往很温柔,但是他却充满力量:他拥有蕴含和聚集在心中的一切,这一切都供其支配。相反,强硬的人会把一切隐藏在心里,他的心像石头一样坚硬,经受不了几次打击就会崩溃了。但谦和的人不脆弱,因为其内心聚集了一切,这样他便能由内而外一直充满力量。谦和使世界变得更加祥和更加幸福。

缄　默

沉默是金

世上所有的智者都盛赞沉默的价值。德国有句俗语说："说话是银，沉默是金。"通过说话我们能解决许多问题，但只有保持沉默的人，才能接触到自己心灵的金色光辉。有些人必须不停地说话，他们从来接触不到自己内心最宝贵的核。格维罗说："沉默是智慧的开端。"沉默会带来新的认知：我们观照自己的内心，看到真实的自我，不再用语言来伪装。沉默令人变得智慧。我们会由此知道得更多，学会看到事物的本质。

尼采以亲身经历证明了沉默的价值。他经常独处，而正是在这种沉静中产生了最为重要的思想："通向一切伟大事物的道路都穿过沉静。"早期基督教修士认为，沉静能扫除心头的阴霾。就像美酒要保存很久,才能让浑浊变得透明,沉静也是如此,它能冲走内心肮脏的东西。而我们只有看得清,才能认识到事物的本质。只有在这种沉静中才能产生伟大,才会发现新的东西。我们不人云亦云,而是与生命本身接触,并由此领悟生命的真正含义。

沉 静

曾为世界和平做出过不懈努力的联合国秘书长哈马舍尔德(Hammarskjöld,首任联合国秘书长,1961年获诺贝尔和平奖——译注)对沉静有着深刻的认识。虽然在任期间,他必须不停地从一个地方赶到另一个地方去解决争端,但他却总是坚持为自己留出沉静的时间。沉静是其从事活动的前提条件。这点在其以下的话中表达得非常清楚:"通过沉静了解对方,由于沉静影响对方,在沉静中赢得对方。"

通过对话可以了解他人,但只有在沉静中才能看清对方的内心,并从其心灵深处了解其人。只有退后一步,在沉静中用新的眼光看待一切,才能理解这世间的各种关系。影响源于沉静。那些因沉静而从容自若的人要比忙乱鼓噪的人更具影响力。因为在沉静中他们能准确判断出事情的真正要害。沉静赋予了他们处理好事情的力量。他们会坚定而冷静地处理在他们看来重要的事物。哈马舍尔德作为联合国秘书长所采取的政策之所以能产生重大的影响，应该归功于他能够经常保持沉静。他认为，沉静也是赢得胜利的基础。在沉静中追求的东西往往都会实现。在沉静中赢得胜利还有另一层含义：成功的人需要用沉静来抑制自我吹嘘，因为对成就沾沾自喜就会止步不前。夸耀自己的成功，必然自觉高人一等。相反，沉静令成功者脚踏实地，迫使他面对自己的不足和平庸，沉静会告诉他，胜利只是上天恩赐的一个礼物。因沉静而获得的胜利不能大肆庆祝。沉静的人会感恩，他赢得了胜利，却不会因此让别人付出代价。相反，他的胜利会告诉他人，他们照样可以获得成功。

安静与废话

"说话无足轻重，很难保持沉静。"（马尔哥林，Malcolm Margolin，独立出版家，出生于 1940 年——译注）这句话指的是那些无法忍受安静的人。说话有分量的人反倒能克制自己，镇定自若。而无发言权的人则必须不停地向别人和自己证明，他是可以参与议事的。或者他根本无法承受沉默带来的压力，在沉默中他感到空虚和丢人。对于早期修士来说，沉默意味着从语言的世界走出来，进入生命的奥妙，最终进入上帝的奥秘。有些人必须说话,因为他们想以此逃离孤独。如果没有人听他讲话,他会觉得自己不再是人类社会的一分子。孤单时他们无所适从,所以迫切需要别人的倾听。

自　控

对心灵的保护

对于有些人来说,自我克制听起来像是咬紧牙关、不表露自己的态度,竭力设法压抑自己的感情。其实并不是这个意思。自我克制是希腊人说的"autarkeia"(自主)。所谓自主的人,是指那些在自己领域自主、不为别人所左右的人。

希腊人认为,只有那些能控制自己、内心充分自由、不为别人的情绪所控制的人,才能称得上自主的人。同时,自制并不意味着控制自己的所有情绪,而是能处理好自己的情绪,不为情绪所控制。缺乏自制的人不可能拥有成功的生活,因为他会被别人的情绪所控制,从而被别人驱使得团团转,自己不再是生活的主人,而是听凭他人主宰。

《箴言》中曾将无法自我克制的人比喻成一座不设防的

城市:"一个无法克制自己的男人就像一座城墙坍塌的城市。"任何人都可以入侵一座城墙坍塌的城市。而生活在这样一个城市里的人是没有安全感的。自我克制如同城墙一样保护着我们的心灵之城,并为我们开辟出一块净土,在这里我们能找到自己的家园,享受安全与舒适。缺乏自制的人既不能与他人划清界限,也无法保护自己。一座没有围墙的城市很快便荒芜了,因为没有人愿意住在里面。无法自我克制的人也很快会发现自己的生活是何等空虚。他会自暴自弃,孤独地在世间游荡。托尔斯泰曾对此有过精辟的论述:"缺乏自制却拥有美好而幸福生活的人,从来就没出现过、也不可能出现。"

死 亡

门槛那边

"我们的世界延伸到死者的世界,死者的世界也延伸到我们的世界。"(皮卡德语,Max Picard,德国著名学者——译注)明智的人总是清楚地知道,生活拥有比其目光所及的视野更为广阔的天地。扩大他们生活范围的不但有上帝的世界,还有死者的世界。熟悉的人去世了,就会将我们的一部分带到死亡门槛的那边去。我们曾与之分享的欢乐和痛苦、理解与冲突,以及我们共同经历的光明与黑暗,都被他们带进了上帝的世界。亲近的人去世的越多,我们就有越多的部分跨过了死亡的门槛。也就是说,我们已经延伸到亡者的世界,延伸到圆满的世界——在这个世界中他们和上帝在一起。相反,逝者也给我们传递了消息,告诉我们应该完成哪项使命。逝者会始终陪伴我们走在人生的道路上:有时候他们会托梦给我们,对我们的生活表示赞同。有时,他们会在梦中说一个词,暗示我们未来该走的道路,给我们以慰藉,或者让我们看到生活中将会出现的问题。

英国玄学家和僧侣多恩(John Donne)则从另一个角度探讨了亡者和我们的关系:"没有人是独自存在的岛屿,每个人都是大陆的一部分,整体的一部分……任何人的死都让我蒙受损失,因为我与人类息息相关;因此别去打听丧钟为谁而鸣——它为你而鸣。"一个人的去世令我们想到自己的死亡。随着他的离去,我的某些东西也随之死亡了。以前我能和他说话,分享彼此的感受,现在却无法用同样的方式与他分享这一切。他离开了我,不再支持我、温暖我,也不再给我指明道路,于是我的一部分也随之死去了。因此与已经离世的人建立一种新的关系,就成了摆在我面前的一项新任务。要做到这点,我只有真正和亡者告别,并将我的一部分随之一起埋葬。

生命的痕迹

一个人去世会令我们想到自己的死亡。诗人施努尔(Wolfdietrich Schnurre)曾指出,同龄人的死亡将迫使我们面对自己的死亡:"一个五十岁人的死亡,像镜子一样立在同龄人的面前,令人感到前所未有的惊慌。"他们显然在镜子里看到了生命的短暂和无常,充满恐惧地意识到自己的生命也不可能永恒。

有些人甚至会将死亡当作适意的享受,特别是恰逢他们了无生趣的时候。

而对于另一些人,别人的死亡会促使其思考人生:生活中到底什么最重要?我究竟想传递什么样的信息?在迄今为止的人生里,到底是我主宰了生活,还是生活主宰了我?我该怎样度过余生?我希望在这个世界上留下怎样的痕迹?林肯曾认真思考过,假如有一天他走向了生命的终点,人们会如何看待他:"假如有一天我死了,我希望那些最了解我的人会说,我拔掉的是蓟,在我认为应该种花的地方种下了花。"

我的墓碑上会刻着什么呢?

告别——一种必须学会的艺术

身边人的离去会给我们留下一道伤口,因此,许多人都会尽量避免告别,他们不敢直视离去者的眼睛。而与自己所爱的人永别,则会让我们再次面对以前回避的种种别离,因为告别是无法回避的。与死者告别唤起我们对生活中各种离别的回忆：告别祖父母，告别父母，告别好友；还有告别童年、告别青春、告别故乡。别离会给我们带来太多太多对孤独的恐惧。幼年时体验过被遗弃的人，一生都会排斥告别。因为每一次离别都会令他想起幼年时最初的那种被遗弃的感觉。然而，我们必须将许许多多小的分离当作对最后死别的练习来理解和接受。即便是与死者永别，我们也是在重复自己一再被迫面对的告别：与人告别，与过去的生活习惯告别，与过去的感情告别，最终与自己的生命告别。

安　慰

神圣的泪水

"一位因儿子去世而悲痛欲绝的母亲来到大师面前寻求安慰,大师耐心听取了她的哭诉,然后温和地说:'我无法擦干你的眼泪,亲爱的夫人,我只能教你怎样使眼泪变得神圣。'"——这个故事想告诉我们什么?当一个人遭遇巨大的痛苦时——失去孩子是一个人可能遭遇到的最大痛苦——我们的劝慰经常是没有用的,所有的言语都变得空洞。我们找不到答案来回答他绝望中的追问。而且,如果我们能感受到对方撕心裂肺的痛楚,我们就无法用轻飘飘的语言来安慰他。语言会卡在嗓子里说不出来。我们只能静静地呆在求助者身边,和他一道忍受痛苦。大师很同情这位母亲,温和地劝慰她,却不用空话敷衍她,也不回应她的悲伤。他唯一能做的,是教她怎样使泪水变得神圣。那么究竟怎样才能让眼泪变得神圣呢？神圣之物总是弥足珍贵的。让眼泪变得神圣意味着在眼泪中发现宝贵的珍珠。痛苦使人高贵。我们无法解释痛苦,只能感受。痛苦将我们引领到内心深处,于是,我们便会发现心中不会被悲伤所摧毁的最神圣的东西。悲伤令人痛苦,而它也恰恰是只有我们才能认识到和经历到的东西。它使我们与众不同,它是我们的宝贵财富。

神圣化总是意味着使之变得完好和完整。眼泪能让心中的碎片重新拼合起来。不仅如此,神圣化还意味着:隔离,脱离尘世。让眼泪变得神圣,意味着它能令悲伤的人从空泛和表面的世界超脱出来,并由此被带入那个真正的世界,上帝的世界,这个世界充满着不可思议的奥秘。

责　任

我们文化的奥秘

"每个人都对他人负有责任,每个人都独自肩负着责任,每个人都独自承担对所有人的责任。我第一次理解了宗教的一个奥秘——我认同的文化源于这个宗教——承担人类的罪恶。"第一次读到圣-埃克苏佩里(Antoine de Saint-Exupery,1900—1944,飞行家,作家,著有《小王子》——译注)的这番话时我深深被打动了。我们并不是独自活在这个世上,假如我们只顾自己,不关心别人,便会辜负自己的存在。我们做出的所有决定、思考和行为,都必须对周围的人、并最终对所有的人负责。我们大家都是被捆在一起的,一个人的想法会影响到他人,一个人的行为会改变周遭人的生活。《圣经》关于耶稣为人类承担罪恶的叙述,能使我们更好地理解这些：耶稣用行动为周围的人承担了责任，而不是只顾自己。由于他将爱一直坚持到了残酷的死亡，因此他改变了人们心中的某些东西。他没有用仇恨回应仇恨，即便对谋害他的人，他也一直心怀爱意。他的行动改变了所有的人，同时也影响了我们的行为。在对待敌人时，我们不能再像以前那样以怨报怨。耶稣突破了人们以牙还牙的一贯做法。他为人类承担罪恶的责任心改变了我们的生活，消除了我们下意识的反应，这其中包含着救赎的奥秘。

记忆与自尊心

承担责任——包括为自己——并不是件容易的事情。"'这是我干的'——我的记忆告诉我；'这不可能是我干的'——我的自尊心告诉我，不容置疑。最后，记忆让步了。"——尼采的这番话告诉我们，对自己和自己的行为举止负责是件多么艰难的事情。自尊心妨碍我们为自己干过的那些令人尴尬的事承担责任。对于我们来说，在自己和别人面前维护自我形象更为重要。我们经常会回避自己的责任，也常常干些不负责任的事。"人们会做出某些不负责任的事，但最终也必须为此承担责任。"（埃布讷）——我们只有接受这点，生活才能变得和谐美好。

原　谅

当伤害很深的时候

在交谈中常常听人说无法原谅某人,因为伤害太深,这我能理解,因此我不能简单号召大家宽恕别人。那么怎样才能原谅别人呢? 首先最重要的一点是,容许自己为所受到的伤害感到痛苦和愤怒,而不是直接跃过,但也不能深陷在痛苦中,否则就等于是给了伤害者继续加害我们的权力。宽恕是一种自我解放的行为,它解除了我们与他人的联系和责任。心理学家早就明确指出,有的人心理不健康是因为他们不能原谅别人。因为他们总是和伤害自己的人纠缠不清,让他们影响自己的情绪。宽恕别人首先有益于自己,让自己摆脱别人的影响,将伤害留在施害者那里。宽恕意味着抛弃伤害,不再为此耿耿于怀。

宽恕带来自由

早期修院中最重要的著述家埃瓦格里乌斯(卒于399年)在其关于祈祷的书中抛开了各种泛道德化的说教。他在探讨宽恕与祈祷的关系时,首先引用了耶稣在登山宝训中的话(《马太福音5:34》):"将你的献祭放在祭台上,然后走过去和你的兄弟和解。"主这样劝导我们,因为只有这样,我们才能安心祷告。怨恨给祷告者的精神布满阴霾,给他的祷告投上一层阴影(埃瓦格里乌斯,《论祷告》,21)。埃瓦格里乌斯看到了宽恕的益处。通过原谅别人使自己摆脱怨恨。宽恕别人对自己有益,它令宽恕者开始真正的祷告。不原谅别人就无法进行真正的祈祷。埃瓦格里乌斯的另一段话也体现了这种观点:"假如无法忘记伤害和怨恨,即便再努力祷告,也会如同往一个满是漏洞的容器里倒水,只是徒劳。"(埃瓦格里乌斯,《论祷告》,22)原谅别人意味着忘记并释怀伤害和怨恨,无法真正宽恕他人的人,其所有精神追求都是徒劳的,他也不可能真正体验到上帝的存在。因为在他的精神与上帝之间总是横亘着伤害,而在伤害的遮蔽下,他看不到上帝。

真　诚

不　伪　善

"有的人说得漂亮,却尽干丑事;有的人做尽好事,却从不张扬。"(巴比伦《塔木德》)假如总是说漂亮话,却从不兑现,是一件危险的事情。巴比伦《塔木德》的作者赞扬那些做好事却从不声张的人。做好事不留名是智者所为,他遵从的是自己的内心,所以没有必要在人前夸耀。而现代社会流行的关于自我推销的格言"做好事,要声张"却与此大相径庭。这位犹太智者提出了另一个在今天仍不乏现实意义的观点:"人不能说一套,想一套。"虽然,我们并不是说要将心中所思所想全部说出来,但至少不要言不由衷。因为当我们跟别人说话的时候,如果不是出自内心,那么就是虚伪的。所说的话扭曲了自己的意图。虚伪的目的要么是想赢得别人的欢心，要么是自己怯懦，不敢面对真相，不想向他人敞开自己的心扉。宁愿将自己伪装起来，以为说些漂亮话，就没有任何人想到要怀疑或攻击我。

虚伪是真诚的反义词。阿伦特(Hannah Arendt)曾说过："伪君子之罪在于对自己做了假证。"德语中的"heucheln"(虚伪)一词源自"蜷缩、躲藏、折腰"。伪君子对自己也会躲躲闪闪，隐藏自己的真实想法。正常情况下，只有在害怕受到攻击时我们才会蜷缩起来躲避。虚伪者永远生活在恐惧中，时刻担心别人发现其真实面目。因此他不得不总是用谄媚的语言来掩饰自己，不让他人看透和怀疑自己。

罗什福科(La Rochefoucauld)则对虚伪做出了另一番解释，他认为："虚伪是恶习对美德所表示的崇敬。"他从虚伪中看到了对美德的渴望。由于堕落者为激情所控制，无法达到美德的彼岸，因此便通过在自己和别人面前的伪装来彰显对美德的崇敬之意。他要么摆出一副道德高尚的模样，要么大声称颂他人。最后，在虚伪的赞美声中为别人勾勒出一副模样——一副自己竭力迎合的模样，而其虚伪的溢美之词与被赞美者的真实情形则毫无关系。

有　为

让生命在世上留下痕迹

"我不过是芸芸众生中的一员,但我还是其中的一员。我不能无所不为,但我不会拒绝做力所能及的事。"——先天失明的海伦·凯勒在其座右铭中这样说道。作为盲人,她无法去做自己想做的一切,行动受到了极大的限制。但她做到了力所能及的一切,由此她所产生的影响远远超过许多拥有更多可能性的健全人。我们不应该和别人比较,而且也不要以为在这个浩大的世界里反正我们什么也改变不了,就什么都不去做。假如我们尽其所能,就能使身边的世界稍微变得更加明亮和温暖。

德兰修女也相信这点,正是这种观点激励她做出为全世界所赞叹的善举:"我们发现自己能做到的只是海洋中的一滴水,但如果这滴水珠不汇入大海,它会对大海无比眷念。"我们常常以为,自己能为人类世界所贡献的东西太少,然而,假如将自己心中所想付诸行动,就会在世上刻下生命的痕迹,会让这个世界变得更加人道和仁慈,我们的所思所为就会产生作用。

爱因斯坦说:"一个说出来的想法是无法收回去的。"同样,我们通过自己的生命所表达出来的东西也会产生影响,无法收回去。任何时代都如此。我们的所作所为都会在世上留下痕迹。

时　间

最昂贵的财富

　　犹太智者对时间的奥秘进行过很多的探讨："不关注时间,犹如在黑暗中信马由缰。"埃兹拉(Mosche Ibn Esra)曾经这样说过。对于那些漫无目标混日子的人来说,一切都是黑暗的、无意义的。他毫无意识地打发着光阴,感觉不到时光的飞逝,也无法领略生命的奥秘。埃姆顿拉比(Rabbi Jaakow Emden)视时间为最宝贵的财富："时间是最宝贵的财富,再多的钱也无法买到。"人们去买一样东西,是因为想占有它,而时间是谁也无法占有的。时间乃上天的馈赠,只有那些能真切感到它存在的人,才能体会到这种馈赠的宝贵。余者则只会感到时光飞逝:他们抱怨时间太少,不知道时间都到哪里去了。"时间是最好、最聪明的良师。"(埃兹拉)时间教给我们,只有那些头脑清醒、珍惜每一刻的人,才过着真正的生活。时间还教导我们,那些认识到时间有限性的人才是聪明的人。假如意识不到死亡,就无法探究时间的奥秘,在死亡中我们的生命走向终点,通向不受限制的时刻,通向永恒。

充实时间

关于时间的奥秘从来都是哲学家和智者热衷探讨的问题。圣奥古斯丁曾指出,每个人都知道时间为何物,但一旦深究,就会发现我们突然什么也不知道了。时间是抓不住的,它像流水一样,无时无刻不从我们身旁溜走:"经历的每个短促的片刻,都会减少我们的寿命,每天剩下的时间只会越来越少,整个生命都成为迈向死亡的过程,在这个过程中谁也无法做片刻的停留,或者让时间走得慢些。"时间就这样从我们的身边匆匆流过,只有在眼下这个瞬间它与我们近在咫尺,但我们却无法抓住它。需要拥有专注眼前的本领才能接近时间的奥秘。当我们完全专注于某一刻时,时间与永恒就重合了,在那一刻我们超越了时间,体验到了永恒的奥秘。而永恒并不意味着一段持续很长的时间——根据罗马哲学家波伊提乌(Boethius)那个著名的定义,永恒是"完美的、存在于唯一的、包罗万象的现在中的无限生命"。能专注于眼下这个瞬间的人,便能在某个瞬间走出时间的循环,感受到静止的时间——永恒。波斯诗人罗密(Rumi)认为,只有能从时间的循环中走出来的人,才能进入爱的循环:"从时间的循环中出来,进入爱的循环。"在爱中我感受到某种持续的存在。法国哲学家马塞则将其表述为:"爱一个人,意味着对他说:'你将会永生。'"爱能经受时间的考验,它能让时间停下来,并使之充实。

什么是真正算数的

"算数的时间是无法计算的。"研究时间的哲学家盖斯勒((Karlheinz A. Geißler)说过这样意味深长的话。那些真正有意义的时间,是无法量化,无法计算,也无法测量的。幸福本身就无法用时间来衡量。一次深刻的体验可以超越能够计算出来的时间。数日子的人没有生活在当下。他要么是为了消遣而数日子,因为时间让他觉得单调无聊;或者他在等待某件重要事情的发生。童年时我们会数着日子,算离圣诞节还有多少天,这赋予了基督降临节(Advent,圣诞节前第四个星期日开始至圣诞节止——译注)那段时间一种特别的意义。盖斯勒指的不是这种数日子。因为这种等待令人对时间的奥秘更为敏感。时间会提供一些东西,它孕育着某种能给我们带来幸福的东西。

　　工人算日子是为了能拿到应得的报酬。我们算出来的时间往往不是充实的时间,而是用来算报酬的。那些我们没有掐指计算的日子恰恰是无价的,是我们生命中宝贵的时刻,这些时刻不会流逝,也无法测算。在这一瞬间,时间凝固了,这样的时刻才是真正算数的。

公民的勇气

其他动物没有的勇气

在别人面前坚持自己的立场,一言一行皆遵从自己的标准——这种刚直不阿是公民的勇气。真正刚直不阿的人有勇气得罪别人。他看到了什么是必要的,什么在眼下是正确的选择,然后就会照此去行动。正如俗话所说:"走自己的路,让别人说去吧。"做自己认为正确的事情,而不是不停地去询问别人的意见和态度。要坚持自认正确的事情,就不需要顾及他人的评判。政治学家费切尔(Iring Fetscher)曾指出:"勇敢的人不必总做正确的一方。假如没有了他们,这个世界便不再有自由。"做自己认为正确的事,不必苛求自己的选择总是正确的。但如果总是让别人牵着鼻子走,则鲜有正确的选择。坚持自己的意见,并将自己的意图转化为行动——这是需要勇气的。如费切尔所说,没有这样的勇气,我们的世界便没有了自由。

多敏(Hilde Domin)从另一个角度阐释了公民的勇气:

> 比如公民的勇气
> 除了人,其他动物没有;
> 又比如患难与共
> 团结而不是乌合之众,
> 陌生的言词
> 让它们在行动中不再陌生。

在这位女诗人看来,公民的勇气是人类的标志,是人类独有的特质。她认为这种勇气具有三个特点:首先是共患难,也就是同情——对别人的痛苦感同身受,同情会驱使我们支持别人。今天如果有人在地铁里遭到辱骂,几乎不会有任何人出面替他帮腔。因为人们缺少了两点:其一是缺少同情——感受不到那个在公共场合遭到取笑或折磨的人的痛苦;其二是缺少勇气——不敢与流氓争吵,因为这样会使自己同样陷入被攻击和侮辱的危险境地。然而,如果我们都缺少这样的勇气,那些不受道德价值约束的人就会越来越占上风。丧失了公民的勇气,我们这个社会就会失去人性。

团结也是同情的一部分：由于我和别人是绑在一起的，所以我也会为此而支持自己的人。他遭遇的事情，也很可能发生在我的身上。"团结"意味着"在一起、互相扶持、紧密依存"。有团结精神的人往往会觉得自己与身边的人是绑在一起的。他们知道，所有人都有着共同的根，有着同样的尊严，我们因此而互相依赖。乌合之众各自为阵，而团结则要求我们知道自己与别人紧密相连，当他人需要帮助时，一定要挺身而出。没有团结，人们便不可能很好地相处。

多敏认为公民勇气的第三个特点是："在行动上习惯陌生的言词。"乍听起来，对这种美德的描述十分特殊。"陌生的言词"，即那些乍听上去觉得陌生的话，我应该"通过行动让它们不再陌生"，这是什么意思呢？我的行为应该回应陌生人的话语，即回应那些挑衅和令我不安的话。我的行为应该表现出和解的诚意，而不是分裂。应该表现出合而不是离，也就是不再把陌生的和熟悉的相分离。假如我们的行动受到"陌生的言词"的启发，它就不再是一成不变的。它会不断孕育新的行动，不再是"我们向来如此"。把外来人与本地人联系在一起，克服偏见，并在因文化、语言和人群陌生而无法沟通的地方，建立起共同体。

满 足

自 满

自满与满足之间存在些微区别。伊斯兰教神秘主义者伊本·阿塔·阿拉在自满中甚至看到了罪恶的根源:"一切不服从、疏忽大意和耽于享乐的根源都在于自满,而服从、警醒和贞洁的根源则在于不自满。宁肯与不自满的蠢人做朋友,也别跟自满的学者做同道。"满足意味着与自己和身边的一切和平共处,它是祥和平静的源泉。相反,自满则是对自己满意,不再寻求改变:我够了。自满意味着放弃继续改变自己的机会,固步自封,自满的人无法接受别人的批评,也不再愿意接受新的思维和新的挑战。自满意味着止步不前,阻碍一切改变。这种自满的人对大家都是一种不幸,在他们身边我们也面临停滞不前和僵化的危险。

给他人带来福祉

有一种满足——对自己的生活和作为感到满意——会给他人带来福祉。德兰修女这样评价这种满足:"靠做某种事情,不会产生奇迹,只有当我们怀着幸福和满足去做一件事时,才会出现奇迹。"内心平和时所做的事才能造福他人。假如在帮助他人时心态不好,这样的帮助对别人也毫无裨益。因为对方也能感受到他内心的分裂,并由此对他的帮助产生戒心。德兰修女将满足视作真正帮助他人的前提条件,而帕尔默(Gretta Brooker Palmer)则认为满足是帮助他人的结果:"满足是努力使别人得到幸福的副产品。"那些出自内心想造福他人的人,能找到内在的真正满足,他会为别人的幸福感到快乐,因为别人的幸福让他满足并且快乐。

真正的满足

财富不仅仅关乎个人的自由与满足,它同时也是一个政治问题。未来的世界和平首先取决于财富的分配是否公平。只有愿意与他人分享财富,才能在我们的国家、在全世界实现和平,让我们放开眼界,去寻找正确处理世界财富的途径,唯有如此,才不会陷入浪漫的梦想、远离尘世的乌托邦或道德的说教。只有在上帝面前富有的人才能与别人分享身外之物。被物质所控制的人是财富的奴隶。我们需要内心的自由,才能用我们挣得的一切服务于人类,贡献给世界和平,我们的所得才能真正服务于生活。也只有这样方可获得真正的满足。中国伟大的先哲孔子曾说过:"与人方便,与己方便。"我们每个人都与他人紧密相连,因此,当我们造福他人时,便会惠及自己。关心他人的福祉,对自己也大有益处。假如我们帮助他人只是出于内疚,这样的帮助对他人亦非幸事,因为我们的出发点并非帮助他人,而是为了平复自己的内心。而我们内心的安宁也会传递给他人。那些对平和敞开心扉的人是满足的。如果我们认可自己,平和的心境就会油然而生。当我们顾及他人的福祉,并感受到他已经找到了内心的平静,就能从他人身上获得和平。

图书在版编目(CIP)数据

怎么过上美好生活 /(德)安塞尔姆·格林著;何珊译.
—上海:华东师范大学出版社,2014.5
ISBN 978-7-5675-1550-5

Ⅰ.①怎… Ⅱ.①格… ②何… Ⅲ.①人生哲学—通俗读物 Ⅳ.①B821-49

中国版本图书馆CIP数据核字(2013)第309168号

华东师范大学出版社六点分社
企划人 倪为国

怎么过上美好生活

著　　者　(德)安塞尔姆·格林
译　　者　何　珊
审读编辑　温玉伟
责任编辑　彭文曼
封面设计　吴元瑛

出版发行　华东师范大学出版社
社　　址　上海市中山北路3663号　邮编　200062
网　　址　www.ecnupress.com.cn
电　　话　021-60821666　行政传真　021-62572105
客服电话　021-62865537
门市(邮购)电话　021-62869887
地　　址　上海市中山北路3663号华东师范大学校内先锋路口
网　　店　http://hdsdcbs.tmall.com

印 刷 者　上海中华商务联合印刷有限公司
开　　本　787×1092　1/32
印　　张　5.5
字　　数　55千字
版　　次　2014年5月第1版
印　　次　2014年5月第1次
书　　号　ISBN 978-7-5675-1550-5/B·818
定　　价　28.00元

出 版 人　朱杰人

(如发现本版图书有印订质量问题,请寄回本社客服中心调换或电话021-62865537联系)

Published in its Original Edition with the title
Das kleine Buch vom guten Leben by Anselm Grün
978 - 3451070440
edited by Anton Lichtenauer
Copyright © Verlag Herder GmbH, Freiburg im Breisgau 2005
This edition arranged by Himmer Winco
© for the Chinese edition: East China Normal University Press Ltd.

本书中文简体字版由北京Himmer Winco文化传媒有限公司独家授予华东师范大学出版社,全书文、图局部或全部,未经同意不得转载或翻印。

上海市版权局著作权合同登记　图字:09 - 2013 - 444 号